Mario Ludwig

Gut gebrüllt!

Mario Ludwig

Gut gebrüllt!

Die Sprache der Tiere

Die Deutsche Nationalbibliothek verzeichnet diese Publikation in der
Deutschen Nationalbibliografie; detaillierte bibliografische Daten sind im
Internet über http://dnb.d-nb.de abrufbar.

Der Konrad Theiss Verlag ist ein Imprint der WBG
© 2017 by WBG (Wissenschaftliche Buchgesellschaft), Darmstadt
Die Herausgabe des Werkes wurde durch die Vereinsmitglieder der WBG ermöglicht.

Lektorat: Alessandra Kreibaum, Worpswede
Satz: Melanie Jungels, Scancomp GmbH, Wiesbaden
Einbandabbildung: © GlobalP – Istockphoto.com
Einbandgestaltung: Harald Braun, Berlin
Gedruckt auf säurefreiem und alterungsbeständigem Papier
Printed in Germany

Besuchen Sie uns im Internet: www.wbg-wissenverbindet.de

ISBN 978-3-8062-3483-1

Elektronisch sind folgende Ausgaben erhältlich:
eBook (PDF): 978-3-8062-3490-9
eBook (epub): 978-3-8062-3491-6

Inhalt

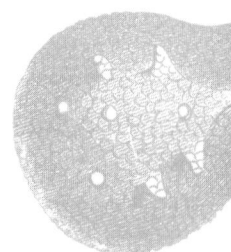

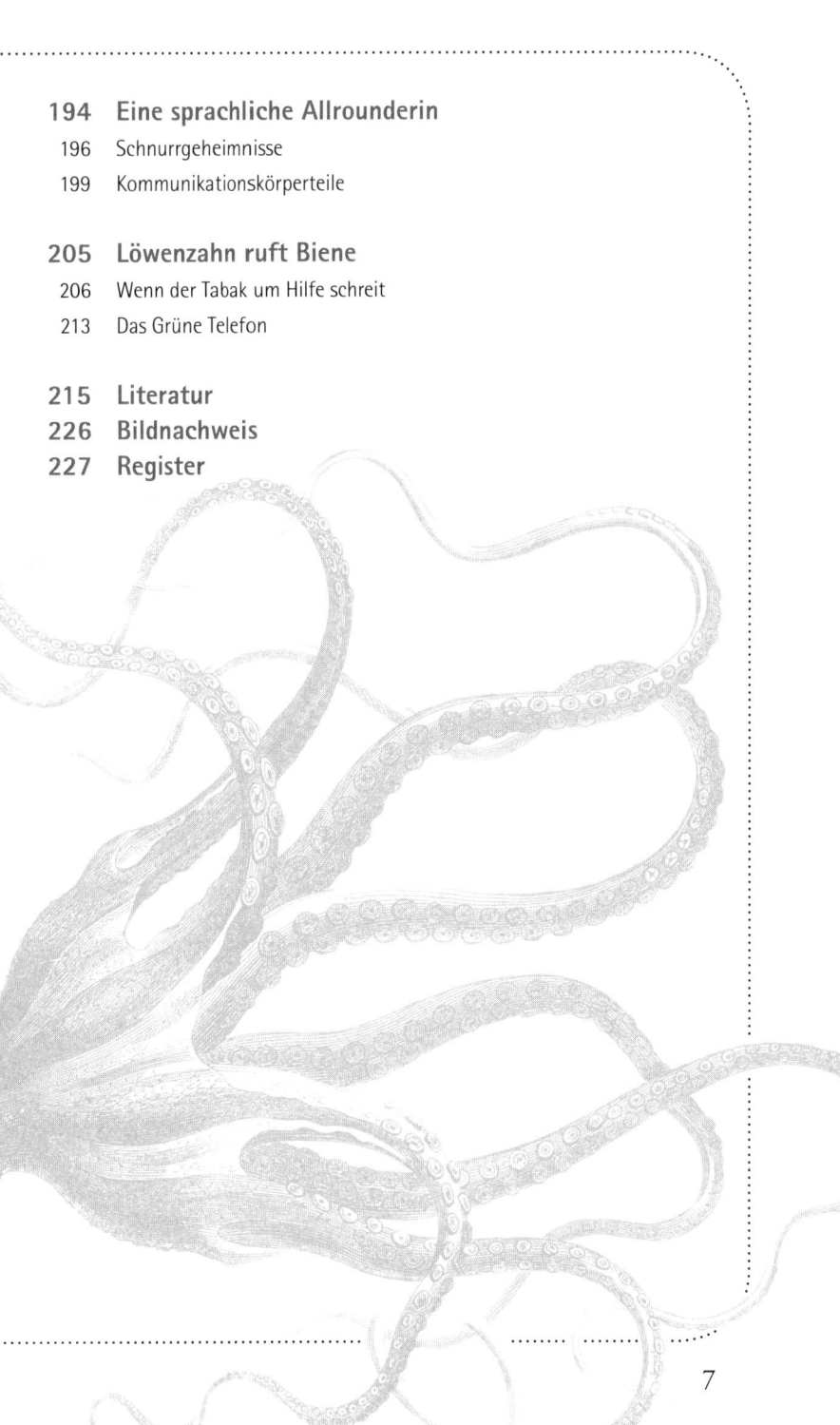

Kommunikation ist alles

Kommunikation, sprich der Austausch von Informationen, ist nicht nur für uns Menschen, sondern auch in der Tierwelt für viele Arten geradezu überlebensnotwendig. Schließlich müssen im Tierreich ständig Artgenossen über Futterquellen und Bedrohungen informiert, Geschlechtspartner angelockt und Territorien abgesteckt werden. Tiere können zwar weder per E-Mail oder SMS kommunizieren noch einen Instant-Messaging-Dienst wie Skype nutzen, dafür steht ihnen aber – je nach Tierart – eine ganze Palette anderer, oft ziemlich außergewöhnlicher Kommunikationsarten zur Verfügung.

Das bekannteste Kommunikationsmittel im Tierreich ist die sogenannte Lautsprache: Da wird gebellt, miaut, trompetet, geknurrt, gebrüllt und vor allem gesungen. Die Lautsprache kann dabei ziemlich komplex sein. So verfügen manche Tierarten, wie Vögel, Elefanten oder manche Affen, über ein Lautrepertoire, das sich aus Dutzenden von einzelnen Elementen zusammensetzt. Sogar Krokodile, die ein Gehirn von der Größe einer Walnuss besitzen, können mit bis zu 20 unterschiedlichen Lauten miteinander kommunizieren.

⇦ Kommunikation ist auch im Tierreich überlebenswichtig.

Andere Arten wiederum verfügen lediglich über sehr wenige Laute, können diese jedoch derart kombinieren, dass sogar eine Art Sprache entstehen kann. Am nächsten an eine Sprache im menschlichen Sinn kommen dabei wohl Präriehunde heran. Die nordamerikanischen Verwandten unserer Murmeltiere können, so neueste wissenschaftliche Erkenntnisse, in einem kurzen Warnpfiff geradezu ein Füllhorn von Informationen unterbringen.

Wir kennen das aus der Welt des Rocks, des Pops und des Schlagers: Man muss als Mann keineswegs wie Brad Pitt aussehen, um bei den Damen Erfolg zu haben, wenn, ja wenn man gut singen kann. Eine Regel, die durchaus auch für das Tierreich gilt. Bei vielen Tierarten sind es die Männchen, die singen, um die Weibchen durch die Qualität ihres Gesanges von ihren anderen Qualitäten zu überzeugen. Ein deutlicher Beweis für diese Tatsache ist der Gesang unserer Vögel. Hier sind es fast ausschließlich die männlichen Tiere, die mit ihrem Gesang gleich zwei Dinge bezwecken: erstens, ihr Revier akustisch gegenüber männlichen Rivalen abzugrenzen, und zweitens, die eine oder andere Vogeldame zu verführen. Und da kommt es nicht nur auf die Qualität, sondern auch auf die Quantität an. Männer mit einem großen Gesangsrepertoire haben nach wissenschaftlichen Untersuchungen auch die besten Chancen, von der Damenwelt erhört zu werden. So können etwa besonders gute Sänger unter den männlichen Kanarienvögeln ihre Weibchen allein mit ihrem Gesang dazu bringen, größere Eier zu legen.

Gesangsmäßig sind die Vogelmänner im Tierreich jedoch keineswegs allein. Auch bei vielen Walarten wird gesungen, was das Zeug hält, um eine Herzdame anzulocken beziehungsweise das eigene Revier zu markieren. Das wohl beeindruckendste Liedgut findet man bei den Buckelwalen, deren Gesang – was Aufbau und Komplexität betrifft – nach Ansicht von Experten den Vergleich mit einer Beethoven-Symphonie keineswegs zu scheuen braucht. Ähnliches gilt für die Gesänge von Finnwalen, Orcas und Delfinen.

Apropos Delfine: Vor Kurzem konnten Wissenschaftler zeigen, dass Delfine, die sich ähnlich wie Wale mit Grunzern, Pfiffen und Belltönen verständigen, die einzigen Tiere sind, die sich gegenseitig mit Namen anreden.

Sogar die ganze Familie singt bei den Siamangs, großen Affen, die in den Wäldern Südostasiens zuhause sind. Die Familiengesänge dienen dazu, rivalisierende Gruppen auf akustischem Weg auf Distanz zu halten.

Gesungen wird im Tierreich jedoch auch bei Tieren, bei denen man das auf den ersten Blick mit Sicherheit nicht vermuten würde, nämlich einigen Fischarten. Allerdings werden die Töne von den Meeresbewohnern dabei nicht mit dem Mund, sondern mit der Schwimmblase und anderen Körperteilen erzeugt. Ähnliches gilt auch für einige Insektenarten. So kommunizieren Stechmücken und Grillen über Geräusche, die sie mithilfe ihrer Flügel erzeugen, währen Zikaden in Sachen Unterhaltung auf Geräusche setzen, die sie mit einem „Trommelorgans" im Hinterleib produzieren.

Was sich Tiere so mitzuteilen haben, bekommen wir Menschen manchmal überhaupt nicht mit. So plaudern Elefanten und Wale mithilfe von Infraschall – niederfrequenten Tönen, die so tief sind, dass sie außerhalb des Hörbereiches von uns Menschen liegen. Was für ein exzellentes Kommunikationsmittel Infraschall ist, zeigen Finnwale, die sich mit dieser „Geheimsprache" locker über Hunderte von Kilometern verständigen können. Auch die Liebeslieder von Mäusemännern können wir Menschen nicht vernehmen, denn die Nager singen im Ultraschallbereich.

Und wer glaubt, Dialekte und Fremdsprachen wären allein uns Menschen vorbehalten, der muss sich von Affe, Vogel, Wal, Seelöwe und Co. eines Besseren belehren lassen.

Apropos Fremdsprachen: Wissenschaftler haben viele Jahre lang vergeblich versucht, unserer nächsten Verwandtschaft im Tierreich, den Menschenaffen, die menschliche Sprache beizubringen. Aber letztendlich hat die Wissenschaft dennoch eine

„Sprache" entdeckt, mit der wir Menschen ausgezeichnet mit Schimpansen, Gorillas und Co. kommunizieren können – per Taubstummen- oder genauer gesagt Gebärdensprache. Eine Kommunikationsart, die unserer langarmigen Verwandtschaft offensichtlich sehr entgegenkommt und mithilfe derer auch regelrechte „Mensch-Affe-Gespräche" möglich sind.

Dass Mensch-Tier-Gespräche auch mit Graupapageien funktionieren, bewies der wohl klügste Papagei aller Zeiten: Alex. Der konnte mehr, als nur Gehörtes ohne Sinn und Verstand nachzuplappern. Er war sogar in der Lage, mithilfe der von ihm erlernten menschlichen Sprache nicht nur Wünsche zu äußern, sondern auch Auskunft über seinen Gemütszustand zu geben. Allerdings wurde Alex auch über 25 Jahre lang an einer amerikanischen Universität ausgebildet.

Kommunikationsmäßig kommt es im Tierreich oft auch gewaltig auf die Optik an. Gerade männliche Tiere wollen mit der überbordenden Pracht ihres Fells oder Gefieders oder Statussymbolen, wie Mähne oder Geweih, den Damen signalisieren, dass sie besonders gesund, fit und leistungsfähig sind und dass deshalb nur sie als Partner infrage kommen. Und dabei kommt es manchmal auf Nuancen an. So entscheidet beispielsweise bei Ukari-Affen und Schmutzgeiern der Grad der Gesichtsfärbung, ob ein Bewerber von seiner Auserwählten erhört wird oder nicht.

Chamäleons operieren dagegen mit Farbveränderungen. Die Reptilien mit der langen Zunge verändern ihre Farbe nicht, wie lange angenommen, um sich einem Hintergrund besser anzupassen, sondern um Artgenossen Auskunft über ihren Gemütszustand zu geben: Bunte, grelle Farben weisen auf eine positive Grundstimmung hin, während blasse Farben eher als negative Aussage zur eigenen Befindlichkeit zu deuten sind.

Die hellen Leuchtsignale, mit denen die Glühwürmchen im Frühsommer eine unnachahmliche Stimmung in unsere Wälder zaubern, dienen aber der Partnerfindung.

Bei der Honigbiene findet der Informationsaustausch dagegen per Tanz statt. Sogenannte Kundschafterinnen teilen ihren

Artgenossinen per Rund- oder Schwänzeltanz nicht nur detailliert mit, wo sich Nahrungsquellen befinden, sondern auch, wie ergiebig diese sind.

Ein großer Teil dessen, was sich viele Tierarten zu sagen haben, läuft mithilfe von Duftstoffen, sogenannten Pheromonen, ab. Diese chemische Kommunikation hat ein breites Spektrum. Reicht sie doch von einer einfachen Reviermarkierung durch Urin bei Hunden bis hin zu den komplizierten Duftbotschaften, mit denen staatenbildende Insekten, wie etwa Ameisen, miteinander kommunizieren. Per Chemie können nicht nur Liebesbotschaften versendet werden, sondern wird auch einem Rivalen Auskunft über soziale Stellung, Gesundheitszustand und Kampfbereitschaft erteilt. Die chemische Kommunikation funktioniert sogar unter Wasser, wie das „Duftgeflüster" unserer größten Krebsart, des Hummers, beweist.

Zahlreiche Tierarten setzen gern akustische, optische oder andere Signale ein, um einen Gegner einzuschüchtern. Mit diesen sogenannten Drohgebärden soll Artgenossen oder anderen Tierarten mitgeteilt werden, dass es jetzt besser ist, auf Abstand zu bleiben. Eine der bekanntesten Drohgebärden im Tierreich ist das berühmte Klappern der Klapperschlange, mit dem einem körperlich überlegenen Gegner vermittelt werden soll, dass er bei weiterer Annäherung mit einem tödlichen Giftbiss zu rechnen hat. Echte Allrounder in Sachen Drohgebärden sind dagegen Stachelschweine, die versuchen, einen potenziellen Gegner mit einem ganzen Sammelsurium an Drohgebärden – wie Knurren, Mit-den-Füßen-Stampfen oder einem gepflegten Rasseln mit den langen Stacheln – zu beeindrucken.

Im Tierreich ist es aber auch gang und gäbe, einem Artgenossen oder einem Fressfeind falsche Botschaften zukommen zu lassen. Beispielsweise, indem man sich so raffiniert tarnt, dass man nicht von der Umgebung zu unterscheiden ist, oder indem man Farbe und Gestalt eines gefährlichen Tieres annimmt, um einem Fressfeind zu signalisieren: „Bei mir lässt Du besser die Pfoten weg, sonst kann das schlimm für Dich ausgehen." Die

Wissenschaft spricht bei diesen Täuschungsmanövern von Mimese und Mimikry.

Viele Tierarten belassen es übrigens keineswegs bei einer einzigen „Sprache". So steht Katzen beispielsweise ein ganzer Strauß an Kommunikationsmöglichkeiten zur Verfügung. Unsere Miezen setzen bei der Verständigung mit Artgenossen nicht nur auf ihre gut entwickelte Lautsprache, sondern auch auf ihre, ebenfalls sehr nuancierte, Körper- und Duftsprache. Sprachliche Multitalente eben.

Auf die Sprache kommt es an

Ob es tatsächlich eine, nach menschlichen Maßstäben gemessene, „echte" Sprache ist, mit der sich viele Tierarten untereinander verständigen, sei einmal dahingestellt. Unbestritten ist jedoch, dass die verschiedenen Tierarten Laute benutzen, um miteinander zu kommunizieren. Das Spektrum reicht dabei von Menschenaffen, Walen, Elefanten und Vögeln über Krokodile und Fische bis hin zu Insekten. Meist geht es bei den gesprochenen beziehungsweise gesungenen Botschaften um die Verteidigung des eigenen Reviers oder das Anlocken eines Sexualpartners – stark vereinfacht formuliert: „Bleib mir bloß vom Leib" oder „Komm doch bitte her". Aber auch in der Brutpflege oder wenn es um die soziale Bindung geht, werden vielfach die unterschiedlichsten Laute eingesetzt.

Warum unsere nächste Verwandtschaft doch sprechen kann

Was ein Graupapagei spielend schafft, sollte gerade für einen Schimpansen nun wirklich kein echtes Problem darstellen: die menschliche Sprache zu erlernen. Schließlich handelt es sich bei den klugen Menschenaffen, im Gegensatz zu den sprachfreudigen Piepmatzen, um unsere nächste Verwandtschaft im Tierreich. Von ihrer Genausstattung stimmen Schimpansen immerhin zu

Menschenaffen kennen verschiedene Arten der Kommunikation.

rund 98 Prozent mit uns Menschen überein. Aber unsere langarmige Verwandtschaft bekommt, wider Erwarten, das mit dem Sprechen einfach nicht gebacken. Oder kennen Sie vielleicht einen sprechenden Schimpansen?

Gerade nach dem Zweiten Weltkrieg, in den späten 1940er-beziehungsweise frühen 1950er-Jahren, scheiterten amerikanische Wissenschaftler gleich reihenweise beim vergeblichen Versuch, Schimpansen und anderen Menschenaffen wenigstens ein paar menschliche Worte beizubringen. Die kamen, trotz größter Anstrengungen der Wissenschaftler, über ein paar gequälte Töne, die man nur mit viel gutem Willen als „Papa" und „Mama" interpretieren konnte, nicht hinaus.

Nach Ansicht der Wissenschaft gibt es gleich mehrere Gründe, warum Menschenaffen nicht sprechen können. Zum einen fehlen Schimpansen und Co. schlicht und einfach die anatomischen Voraussetzungen für diese Fähigkeit. Im Vergleich zum Menschen ist bei Menschenaffen das Zungenbein im Verhältnis zum Schädel nur wenig abgesenkt. Und das verhindert eine komplexe Lautbildung, die für das Erlernen der menschlichen Sprache aber dringende Vorrausetzung ist.

Außerdem fehlt Menschenaffen offenbar auch noch ein Sprachzentrum im Gehirn, das bei Menschen vor allem in der Großhirnrinde zu finden ist. Zudem besitzt der moderne Mensch – wie übrigens einst sogar schon der Neandertaler – im Vergleich zum Menschenaffen einen vergleichsweise doppelt so großen Unterzungennerv. Nach Ansicht einiger Wissenschaftler ist die Vergrößerung dieses Unterzungennervs offenbar auch mit der Evolution der menschlichen Sprache einhergegangen.

Nach neueren Erkenntnissen scheint auch ein Gen namens FOXP2, auch bekannt als „Sprachgen", eine entscheidende Rolle bei der Sprachbildung zu spielen. Neben uns Menschen besitzen auch Schimpansen, Vögel, Reptilien und sogar Schnecken dieses Sprachgen. Aber offensichtlich ist FOXP2 nur bei uns Menschen in einer Mutation vorhanden, die die Ausbildung einer komplexen Sprache erlaubt.

Koko, Washoe und Kanzi

Aber allen anatomischen Unzulänglichkeiten der Menschenaffen zum Trotz, haben die Psychologieprofessoren Allen und Beatrix Gardner von der Universität von Nevada in Reno Mitte der 1960er-Jahre dennoch einen Weg gefunden, mit unserer haarigen Verwandtschaft zu plaudern. Das amerikanische Psychologenpaar brachte dem zehn Monate alten weiblichen Schimpansenbaby Washoe bei, sich mithilfe der *American Sign Language* (ASL) – einer Zeichensprache, die ursprünglich für amerikanische Gehörlose entwickelt wurde – mit Menschen zu verständigen. Die Psychologen zogen das Schimpansenmädchen in ihrem Heim wie ein menschliches Kind auf und kommunizierten mit ihm ausschließlich per ASL. Und das mit großem Erfolg: Washoe, die oft menschliche Kleidung trug und ihr Dinner stets gemeinsam mit ihren menschlichen Adoptiveltern einnahm, war bald in der Lage, mehrere hundert unterschiedliche Zeichen der Gebärdensprache sinnvoll einzusetzen und sogar kleine Sätze zu bilden. Beflügelt von diesem Erfolg, unterwiesen die Gardners noch weitere Schimpansen in der Gebärdensprache. Diese Art der Kommunikation kommt Schimpansen und anderen Menschenaffen sehr entgegen, da sie auch in ihrer natürlichen Umgebung Hände und Finger zur Verständigung untereinander mit großem Geschick einsetzen. Erstaunlicherweise war Washoe sogar in der Lage, eigenständig altbekannte Begriffe neu zu kombinieren, um für sie bisher Unbekanntes zu beschreiben: So formte sie, als ihr zum ersten Mal im Leben ein Schwan über den Weg lief, sofort mit ihren Händen nacheinander die Zeichen „Wasser" und „Vogel". Die erstaunlichste Leistung erbrachte die gelehrige Schimpansendame jedoch im Jahr 1978, als sie sich sogar als tierische Lehrmeisterin erwies und dem von ihr adoptierten Schimpansenbaby Loulis ebenfalls die Gebärdensprache beibrachte. Damit war Loulis das erste Tier, das ein menschliches Kommunikationsmittel von einem nicht menschlichen Wesen gelernt hatte.

Generell arbeiten Schimpansen, wenn sie sich mit ihren Betreuern per ASL unterhalten, oft mit Synonymen: zum Beispiel

„Trinkfrucht" für Melone oder „Zuckerbaum" für Weihnachten – und das durchaus auch mit einer zeitlichen Komponente. Beim ersten Schneefall hat Washoe ihre Adoptiveltern regelmäßig darauf hingewiesen hat, dass sie sich jetzt wieder auf „Vogelfleisch" freue. Die clevere Schimpansin meinte damit den traditionellen Truthahnbraten zum Thanksgiving-Fest.

Übrigens, in Gebärdensprache ausgebildete Schimpansen kommunizieren durchaus auch untereinander mithilfe von ASL – und das nicht gerade selten. Bei den Mahlzeiten, beim Spiel, aber auch beim Familienstreit ist ASL die Sprache der Wahl der Schimpansen.

Die Kenntnis und der Gebrauch von ASL sind jedoch keineswegs nur Schimpansen vorbehalten. Auch die heute 45-jährige Gorilladame Koko erweist sich geradezu als Meisterin, wenn es darum geht, per Gebärdensprache zu kommunizieren. Die 1971 in einem amerikanischen Tierpark geborene Koko wurde bereits von Kindesbeinen an von der Psychologin und Tierforscherin Francine Patterson in der Gebärdensprache unterwiesen. Koko konnte bereits mit zwei Jahren erste Sätze bilden. Mittlerweile beherrscht das Gorillaweibchen laut ihren Betreuern mehr als 1000 unterschiedliche Zeichen der Gebärdensprache. Dazu ist sie angeblich auch in der Lage, rund 2000 englische Worte zu verstehen.

Koko und andere Menschenaffen sind Bestandteil des Projekts „Koko" der Forschungseinrichtung „Gorilla Foundation", die im kalifornischen Woodside zu Hause ist und es sich zum Ziel gesetzt hat, Wege der Kommunikation zwischen Menschen und ihren tierischen Vettern zu untersuchen.

Und über was unterhält sich Koko am liebsten mit ihren Betreuern? Da liegt der Fokus der Gorilladame ganz klar auf Leckereien und anderen Nahrungsmitteln. So wünscht sie sich zum Beispiel von ihren Pflegern, auf Nachfrage, als Weihnachtsgeschenk ganz gezielt Süßigkeiten und Äpfel. Aber nicht nur, wenn es um die leiblichen Bedürfnisse geht, sondern auch in Notfällen weiß sich Koko per Gebärdensprache durchaus zu helfen. So zeigte sie beispielsweise einmal ihrem Pflegepersonal via ASL an, dass sie von Zahnschmerzen geplagt sei und konnte sogar die Intensität der Schmerzen auf einer Skala von 1 bis 10 einordnen.

Koko weist übrigens nach Aussagen ihrer Betreuer immerhin einen Intelligenzquotienten von 95 auf – was knapp unterhalb des menschlichen Durchschnitts liegt. Genau wie Washoe behilft sich Koko bei der Beschreibung von für sie neuen Gegenständen mit Metaphern, wie etwa „Pferd-Tiger" für ein Zebra, „Fingerarmband" für einen Ring oder „Elefantenbaby" für eine langnasige Pinocchio-Puppe. Und die sprachgewaltige Gorilladame kommt offensichtlich auch mit für einen Menschenaffen eher abstrakten Begriffen zurecht. Von ihren Pflegern befragt, was sie sich denn unter dem Begriff „Tod" vorstelle, antwortete Koko mit drei Zeichen: gemütlich – Höhle – auf Wiedersehen.

Koko zeigt bei ihren Gesprächen mit Menschen, die die Zeichensprache noch nicht so gut gemeistert haben wie sie selbst, übrigens viel Geduld und macht ihre Zeichen sehr langsam beziehungsweise wiederholt sie sogar bei Bedarf.

Die Gorilladame gehört auch zu den ganz wenigen nicht menschlichen Wesen, die sich zumindest zeitweilig ein eigenes Haustier hielten. Koko hat sich im Laufe der Jahre geradezu rührend um mehrere junge Katzen gekümmert. Besonders innig war die Beziehung zu einem Kätzchen, das Koko „All Ball" taufte. Eine Beziehung, die später in allen Einzelheiten in dem 1987 erschienenen Buch „Koko's Kitten" dokumentiert wurde. Als All Ball von einem Auto überfahren wurde, war Koko wochenlang untröstlich und signalisierte ihren Betreuern ständig die ASL-Zeichen für schlecht, traurig und finster. Einige Jahre später erhielt Koko von ihren Pflegern die Erlaubnis, sich erneut aus einem Wurf einer Manx-Katze zwei kleine Kätzchen als künftige Spielgefährten auszusuchen und ihnen auch einen Namen zu verleihen. Und genau diese Namensgebung durch Koko zeigte dann sowohl die scharfe Beobachtungsgabe als auch die Fantasie des Gorillaweibchens: Ein Kätzchen taufte Koko, aufgrund seiner pinkfarbenen Lippen und Nasenspitze, „Lipstick". Das zweite erhielt den

Namen „Smokey", weil es Koko, wie sie ihren Pflegern mitteilte, rein farblich an ein Kätzchen aus einem ihrer Lieblingsbücher erinnerte. 2015 anlässlich ihres Geburtstages wurden Koko zwei neue Kätzchen als mögliche Spielkameraden präsentiert, die sie dann sofort – passend zu ihrer Fellfarbe – „Miss Black" und „Miss Grey" taufte.

Das „Projekt Koko" ist wissenschaftlich allerdings nicht unumstritten. Einige Kritiker bemängeln, dass Berichte über Koko zwar häufig in der Regenbogenpresse zu finden seien, dass jedoch nur sehr wenige Veröffentlichungen existierten, die wissenschaftlichen Anforderungen genügten. Andere Wissenschaftler zweifeln sogar generell an der Sprachfähigkeit Kokos und anderer ASL-fähigen Menschenaffen. So ist etwa der amerikanische Psychologe Herbert S. Terrace, der selbst viele Jahre die Sprachfähigkeit von Menschenaffen untersucht hat, der festen Überzeugung, dass die vermeintliche Sprachfähigkeit von Menschenaffen lediglich auf dem sogenannten „Kluger-Hans-Effekt" beruht. So bezeichnet man in der Verhaltensforschung die unbewusste einseitige Beeinflussung des Verhaltens von Versuchstieren durch den durchführenden Wissenschaftler. Und zwar eine Beeinflussung genau in die Richtung, bei der der beim Versuch erwartete beziehungsweise erwünschte Effekt eintritt. Einfacher formuliert: Koko und Co. würden ihre erlernten ASL-Zeichen nicht wie „echte" Wörter einer „richtigen" Sprache verwenden, sondern lediglich mit bestimmten erlernten Gesten um Futter betteln.

Einen völlig anderen Weg, sich mit uns Menschen zu verständigen, hat der heute 36-jährige Bonobo Kanzi eingeschlagen beziehungsweise erlernt. Kanzi, der in einem speziellen Versuchslabor in Des Moines im US-Bundesstaat Iowa lebt, kommuniziert mit seinen Betreuern in der künstlichen Symbolsprache „Yerkish". Einer Sprache, die aus 256 abstrakten geometrischen Zeichen, sogenannten Lexigrammen, besteht, die auf einer Symboltafel übersichtlich angeordnet sind.

Die Symboltafel wiederum ist mit einem Computer verbunden, der die Zeichen in menschliche Sprache übersetzt und diese auch über einen Lautsprecher hörbar macht. Durch gezieltes Tippen auf die kleinen Symbole ist Kanzi sogar in der Lage, kleine Sätze zu bilden. So kann der gelehrige Bonobo seiner Betreuerin, der amerikanischen Psychologin und Affenforscherin Sue Savage-Rumbaugh, beispielsweise mitteilen, was er sich zum Abendessen wünscht oder dass er jetzt gerade Lust verspürt, eine Runde Verstecken zu spielen.

Kanzi ist sogar fähig, bei kleinen Sätzen die grammatischen Beziehungen zwischen den Wörtern zu berücksichtigen. So kann er genau unterscheiden, ob jetzt ein Hund eine Schlange beißt oder vielleicht doch umgekehrt.

Erstaunlicherweise weiß sich Kanzi auch dann zu helfen, wenn ein Begriff nicht auf der Lexigrammtafel zu finden ist: Verspürt das Bonobomännchen beispielsweise Lust auf eine Pizza, tippt es einfach hintereinander auf die Symbole für Tomate, Käse und Brot.

Offensichtlich versteht Kanzi sogar Englisch. Kanzi kennt mittlerweile die Bedeutung von fast 3000 englischen Wörtern und kann sie nahezu fehlerfrei Personen, Fotos, Objekten oder eben Lexigrammen zuordnen. So kann der sprachlich hochbegabte Bonobo auf Anforderung eine Tomate aus der Mikrowelle holen oder eine bestimmte Person auf einem Foto identifizieren.

Kanzi ist sogar mehrsprachig: Der Bonobomann spricht zumindest auch ein paar Brocken *American Sign Language*. Diese hatte er bei der Betrachtung einiger Videos, auf denen sich das bereits erwähnte Gorillaweibchen Koko mit ihren Betreuern in der Zeichensprache unterhielt, aufgeschnappt. Allerdings wendet Kanzi diese Zeichen nur relativ selten an.

Um auszuschließen, dass es sich beim Sprachverständnis von Kanzi nicht um den bereits erwähnten Kluger-Hans-Effekt handelt, sprich, dass der Affe nicht lediglich auf unbewusste Hinweise, wie etwa eine Änderung des Gesichtsausdrucks, handelt, setzte man Kanzi einfach in ein benachbartes Zimmer und stellte ihm diverse Aufgaben über Kopfhörer. Und siehe da, Kanzi löste fast alle Aufgaben mit Bravour, auch wenn er keinen Augenkon-

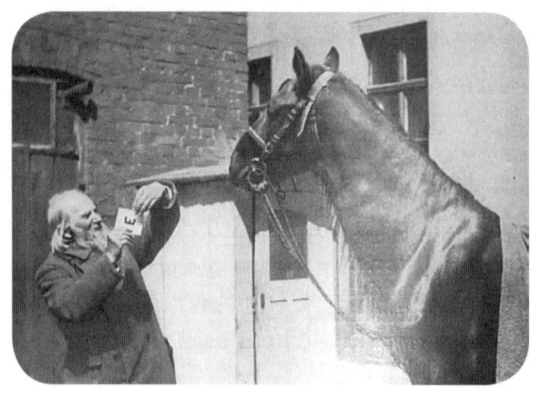

Der „Kluge Hans" –
ein tierischer Multi-
funktionskünstler?

Der Kluger-Hans-Effekt

Es war ein ehemaliges Droschkenpferd namens Hans, das Anfang des 20. Jahrhunderts zur tierischen Sensation des deutschen Kaiserreichs wurde. Hans konnte deutlich mehr als das gewöhnliche Durchschnittspferd. Der Entdecker und Trainer des Kutscherpferdes, der pensionierte Berliner Lehrer Wilhelm von Osten (1838–1909), hatte Hans nach eigenen Angaben innerhalb von lediglich zwei Jahren die Grundrechenarten beigebracht. Und tatsächlich demonstrierte das Pferd diese Fähigkeit ungläubigen Zweiflern auf Wunsch jederzeit. Das Ergebnis ihm gestellter Rechenaufgaben teilte Hans seiner Zuhörerschaft nicht mit dem Mund, sondern mit den Extremitäten mit: Der kluge Hengst klopfte mit dem rechten Vorderhuf einfach solange auf den Boden, bis er bei der richtigen Zahl angelangt war. Aber Hans Fähigkeiten beschränkten sich nicht nur auf seine verblüffenden Rechenkünste. Angeblich konnte der schlaue Vierbeiner auch lesen. Zur Demonstration dieser verblüffenden Tatsache ließ von Osten auf eine Reihe von Tafeln verschiedene Wörter schreiben. Wurde dann eines dieser Wörter genannt, berührte Hans unverzüglich mit seiner Nase just die Tafel, auf der das betreffende Wort stand. Und damit immer noch nicht genug: Hans war auch in der Lage, den richtigen Wochentag und die korrekte Uhrzeit zu nennen, er konnte Personen anhand von Fotografien identifizieren sowie Farben, Töne und Münzen unterscheiden. Sozusagen ein tierischer „Multifunktionskünstler".

Die logische Konsequenz dieser Darbietungen war, dass der „Kluge Hans", wie das Pferd dank seiner sensationellen Fähigkeiten bald genannt wurde, nicht nur in Deutschland, sondern sogar weltweit ein gewaltiges mediales Aufsehen erregte. Hans erreichte bald Kultstatus und war so populär wie heute ein Popstar. Das ging sogar so weit, dass das Pferd über eigene Bodyguards verfügte. Der Hengst musste regelmäßig von Polizisten vor sensationslustigen und allzu aufdringlichen Bewunderern geschützt werden. Klar, dass viele seriöse Wissenschaftler hinter den Fähigkeiten von Hans eine betrügerische Manipulation seitens Wilhelm von Ostens vermuteten. Hans beantwortete jedoch Aufgaben auch dann richtig, wenn von Osten abwesend war und ein Fremder die Fragen stellte. Um dem „Phänomen Hans" auf die Spur zu kommen, wurde dann, angeblich sogar auf kaiserlichen Befehl, im September 1904 eine 13-köpfige wissenschaftliche Kommission unter Leitung des Philosophieprofessors und Mitglieds der renommierten Preußischen Akademie Carl Stumpf eingesetzt. Und tatsächlich kam Oscar Pfungst, ein Assistent Stumpfs, dem Geheimnis des Wunderpferds relativ schnell auf die Schliche: Hans hatte keineswegs überragende Geistesgaben, war aber in der Lage, selbst feinste Nuancen in Gesichtsausdruck und Körpersprache der Fragesteller zu deuten. Die Fragesteller veränderten in den entscheidenden Situationen – wenn die Lösung der Aufgabe unmittelbar bevorstand – oft unbewusst ihre Körperspannung oder gar Mimik und dadurch wusste der Hengst in über 90 Prozent der Fälle, wann er klopfen beziehungsweise mit den Hufschlägen aufhören sollte. Ein Phänomen, das übrigens bald als sogenannter Kluger-Hans-Effekt seinen Platz im Vokabular der experimentellen Psychologie fand.

Den „Klugen Hans" dagegen konnte auch sein Starstatus nicht vor dem Militärdienst im Ersten Weltkrieg retten. Nachdem der Hengst zwangsrekrutiert wurde, verlor sich seine Spur auf den Schlachtfeldern der Westfront.

Saufende Schimpansen

Vögel, Igel, Elefanten, Eichhörnchen, Hunde, Elche, Insekten - schon eine Menge Tiere wurde beim Alkoholkonsum beobachtet. Und auch bei Schimpansen wurde bereits mehrfach eine, um es vorsichtig zu formulieren, gewisse Affinität zum Alkohol festgestellt. So haben Wissenschaftler der Universität Oxford vor einigen Jahren im afrikanischen Guinea eine Gruppe Schimpansen entdeckt, die regelmäßig Palmwein konsumiert. Einen Palmwein, den die Einwohner in einem kleinen Ort namens Bossou selbst herstellen. Dazu ritzen sie einfach eine Raphiapalme hoch oben in der Baumkrone an und fangen den austretenden Palmsaft in einem Kunststoffbehälter auf. Der Saft wird anschließend durch Fermentation vergoren und erreicht dadurch einen Alkoholgehalt von knapp sieben Prozent.

Aber nicht nur die Bewohner von Bossou, sondern auch eine in der Nähe des Dorfes lebende Schimpansengruppe ist in Sachen Palmwein offensichtlich auf den Geschmack gekommen. Sie geht äußerst raffiniert vor, um an das berauschende Getränk heranzukommen: Zunächst klettern die langarmigen Palmweintrinker auf die Palme und basteln sich - durch mehrmaliges Falten aus einem Palmblatt - eine Art „Löffelschwamm". Diesen Löffelschwamm stecken sie dann in den Behälter mit Palmwein, warten bis er mit Wein vollgesogen ist und drücken ihn genüsslich im Mund aus. Einige Schimpansen sind mittlerweile zu Gewohnheitstrinkern mutiert, die bis zu drei Liter Palmwein am Tag trinken und dann irgendwo am Boden ihren Rausch ausschlafen müssen. Und offensichtlich trinkt man als Schimpanse nicht gern allein. Oft werden hoch oben in der Palme regelrechte Saufgelage veranstaltet. Und bei denen geht es erstaunlicherweise recht ungezwungen zu - unter tierischen Saufkumpanen teilt man sich gern auch mal brüderlich die Löffelschwämme.

Übrigens: Auch Schimpansen scheinen gegen einen ordentlichen Kater nicht gefeit zu sein. Die britischen Forscher konnten beobachten, dass die Menschenaffen, die an einem Tag vergleichsweise viel Palmwein getrunken hatten, sich am darauffolgenden Tag in Sachen Alkoholkonsum deutlich zurückhielten.

takt zu seinen Betreuern hatte. Damit war erwiesen, dass Kanzi tatsächlich über ein echtes Sprachverständnis verfügt.

Und Kanzi hat noch wesentlich mehr auf dem Kasten. Dazu gehört eine Fähigkeit, die man bisher noch bei keinem anderen Tier beobachtet hat: gezielt Feuer zu machen und sich mithilfe der Flammen eine leckere Mahlzeit zuzubereiten. Als der Bonobo mit seinen Betreuern in einem Wäldchen zum Campen war, sammelte er zunächst einige Äste, zerbrach anschließend die Zweige in kleine Stücke, um sie dann sorgfältig zu einem kleinen Haufen aufzuschichten. Anschließend entfachte der clevere Affe mithilfe von Streichhölzern ein Lagerfeuer und grillte sich gemütlich an einem Stecken einige Marshmallows. Denn warm isst Kanzi seine Marshmallows am liebsten.

Panthoot-Schrei und frivole Gestik

Untereinander können Schimpansen auf eine Vielzahl von Kommunikationsmethoden zurückgreifen. Allen voran verfügt unsere langarmige Verwandtschaft über ein durchaus beachtliches Lautrepertoire. So unterscheidet die berühmte Verhaltensforscherin und Schimpansenexpertin Jane Goodall 17 verschiedene Laute, mit denen die afrikanischen Menschenaffen miteinander kommunizieren können. Die wichtigste Lautäußerung ist dabei der sogenannte „Panthoot-Schrei", mit dem sich die Schimpansen auch in ihrem bevorzugten Lebensraum, im dichten Wald, auf Entfernungen von mehr als einem Kilometer gut verständigen können. Dieser Schrei setzt sich ähnlich einem kleinen Lied aus mehreren aufeinanderfolgenden Elementen zusammen: Wissenschaftler unterscheiden hier „Einleitung", „Aufbauabschnitt", „Höhepunkt" sowie die „Phase des Abebbens". Der Schrei hat gleich mehrere Funktionen, dient aber in erster Linie als Erkennungszeichen und zum akustischen Kontakthalten der Tiere untereinander.

Die Rufe variieren dabei zwischen den unterschiedlichen Schimpansengruppen je nach Gebiet derart, dass man durchaus

von Regionaldialekten sprechen kann. So können Experten, ohne größere Mühe, sprachliche Unterschiede zwischen Schimpansen aus dem Kongo und ihren Artgenossen im Senegal feststellen. Diese Tatsache wird durch Erkenntnisse, die britische Wissenschaftler in einem schottischen Zoo gewonnen haben, bestätigt: Schimpansen nutzen offensichtlich bestimmte Laute, sogenannte „Nahrungsrufe", um Artgenossen auf vorhandene Nahrungsmittel hinzuweisen. Diese Laute können jedoch, je nach Herkunft der Schimpansen, ziemlich unterschiedlich sein. So konnten die Forscher beobachten, dass die Schimpansen aus einem Safaripark in den Niederlanden eher schrille Laute ausstießen, wenn sie Artgenossen auf einen Apfel hinweisen wollten, während Schimpansen aus einem Zoo in Edinburgh bei dieser Gelegenheit deutlich tiefere Grunzer von sich gaben. Interessant wurde es jedoch, als man einigen „holländischen" Schimpansen eine neue Heimat bei ihren Artgenossen im Zoo von Edinburgh gab. Nach drei Jahren holländisch-schottischem Zusammenleben hatten die holländischen Schimpansen den Klang ihrer Rufe an den ihrer schottischen Mitbewohner angepasst – wenn auch offensichtlich mit leichtem Akzent. Fazit: Wenn es um Leckereien geht, kann man auch schon mal einen Dialekt lernen.

Beim gemeinsamen Spiel dagegen sind bei Schimpansen immer wieder Laute zu hören, die durchaus mit einem „gehechelten Lachen" zu vergleichen sind.

Aber so richtig laut im Regenwald wird es, wenn eine Schimpansenhorde triumphierend verkündet, dass eine Jagd erfolgreich war. Aber selbst das ist noch nichts gegen das ohrenbetäubende Gebrüll, das eine Horde Schimpansen auf dem Kriegspfad bei einem Überfall auf eine benachbarte Schimpansenfamilie anstimmt.

⇦ Die wichtigste Lautäußerung eines Schimpansen ist der sogenannte „Panthoot-Schrei".

Übrigens nicht nur in menschlicher Obhut befindliche, sondern auch wildlebende Menschenaffen kommunizieren mit einer Art Zeichensprache. So konnten schottische Forscher vor Kurzem bei einer Schimpansengruppe in Uganda beobachten, dass die Mitglieder dieser Gruppe sich mit mindestens 66 unterschiedlichen Zeichen verständigen. Nach längeren Beobachtungen konnten die Forscher immerhin 36 dieser Gesten eine konkrete Bedeutung zuordnen und dadurch sogar ein regelrechtes „Lexikon" der Schimpansen-Gebärdensprache erstellen. So deuten die klugen Menschenaffen etwa einem Artgenossen durch eine sogenannte „Luft-Umarmung" an, dass sie mit ihm durchaus engeren Körperkontakt wünschen. Ein heftiges Stampfen mit den Füßen bedeutet dagegen: „Hey, ich möchte gern spielen." Und wenn eine Schimpansenmutter ihrem Jungen die hintere Fußsohle unter die Nase hält, signalisiert sie damit: „Klettere auf meinen Rücken, ich trage dich!" Mit dem Zerrupfen von Blättern mit den Schneidezähnen will der geneigte Schimpanse oder die geneigte Schimpansin dagegen einer Artgenossin oder einem Artgenossen signalisieren, dass er oder sie einem Schäferstündchen durchaus nicht abgeneigt ist.

Allerdings ist es den Wissenschaftlern nach eigenen Angaben bisher noch bei Weitem nicht gelungen, die in den Gesten enthaltenen Informationen vollständig zu entschlüsseln. So kommt es interessanterweise auch durchaus vor, dass ein und dieselbe Geste – ähnlich wie bei uns Menschen ein Wort – eine völlig unterschiedliche Bedeutung haben kann. Die Menschenaffen signalisieren beispielsweise mit einem Sprung in die Luft sowohl „Folge mir!" als auch „Lass das gefälligst!" Aber möglicherweise ist ja Sprung nicht gleich Sprung. Vielleicht unterscheiden sich die Sprünge in winzigen Kleinigkeiten, die die Schimpansen, im Gegensatz zu uns Menschen, mühelos registrieren können.

Ganz ähnliche Ergebnisse liefern Studien an Bonobos, die im Lola-Ya-Bonobo-Reservat in der Demokratischen Republik Kongo leben. Die Männchen dieser Menschenaffen setzen Gestik bewusst ein, wenn es darum geht, ein Weibchen zu einem Schäferstündchen zu überreden. Die Bonobomänner strecken gezielt zunächst ihren Arm nach der Dame ihres Herzens aus und weisen dann auf sich selbst. Eine Gestik, die nicht nur an Deutlichkeit nichts zu wünschen übriglässt, sondern auch geradezu menschlich wirkt. Eine Gestik, die aber auch durchaus erfolgversprechend ist. Wissenschaftler konnten beobachten, dass immerhin 13 von 20 dieser „Sexgesten" von Erfolg gekrönt waren.

Übrigens: 24 der oben erwähnten 66 Schimpansengesten werden in ähnlicher Weise auch von Gorillas und Orang-Utans genutzt. Das stützt die Hypothese, dass sich die menschliche Sprache aus Gesten und Gebärden entwickelt hat.

Dicker Mann mit blauem T-Shirt

Die ausgeklügeltste tierische Sprache überhaupt findet man, folgt man dem amerikanischen Zoologen Con Slobodchikoff, bei Tieren, bei denen man das auf den ersten Blick wahrscheinlich nicht vermutet hätte – den nordamerikanischen Präriehunden. Die kleinen Präriebewohner, die trotz ihres Namens zu den Nagetieren gehören und in riesigen unterirdischen Kolonien leben, sind auch dringend auf eine gut funktionierende Kommunikation angewiesen – zumindest, wenn es um ihre Sicherheit geht. Die sollen eigens zur Koloniesicherung aufgestellte Wachtposten gewährleisten. Diese Wachtposten stehen stets hoch aufgerichtet auf einer Geländeerhebung und beobachten sehr genau die unmittelbare Umgebung der Präriehundsiedlung, ob da nicht etwa ein gefährlicher Fressfeind auftaucht. Nähert sich tatsächlich ein Feind, warnen die Wächter ihre Artgenossen mit einem kurzen, an einen schrillen Pfiff erinnernden Warnruf.

Aber Warnruf ist dabei nicht gleich Warnruf. Die Präriehundwachtposten können ihren Schutzbefohlenen – mithilfe eines riesigen Repertoires der unterschiedlichsten Warnpfiffe – im Detail genau darüber in Kenntnis setzen, wer oder was sich da der Kolonie nähert: ein Wolf, ein Marder, eine Klapperschlange, ein Adler oder möglicherweise sogar ein Mensch. Eine Information, die für die alarmierten Artgenossen von entscheidender, ja lebensrettender Bedeutung sein kann. Derart präzise informiert, können sie ihre Reaktion an die unterschiedlichen Bedrohungsszenarien anpassen.

Nähert sich zum Beispiel ein Mensch der Präriehundsiedlung, wird dies von den Nagern als sehr ernsthafte Bedrohung eingestuft und es heißt: Rette sich, wer kann. Dann tauchen alle Koloniemitglieder so schnell wie möglich im Hechtsprung in den schützenden Bau ab. Wird mit dem Alarmruf jedoch signalisiert, dass sich ein Adler im Anflug auf die Präriehundkolonie befindet, bringen sich nur die Bewohner in Sicherheit, die sich im Anflugkorridor des Greifvogels befinden. Die Artgenossen außerhalb des Korridors lässt das Nahen des Raubvogels dagegen kalt. Beim Auftauchen von Kojoten oder Haushunden lassen es die Präriehunde deutlich ruhiger angehen. Hier heißt die Devise: Erstmal aufrechte Kontrollposition einnehmen und das weitere Geschehen beobachten.

Aber offensichtlich haben die kleinen Präriebewohner kommunikationsmäßig noch deutlich mehr zu bieten. Slobodchikoff konnte nachweisen, dass die Wachtposten ihren Gegner auch im Detail beschreiben können: ob ein großer oder ein kleiner Dachs auf die Kolonie zukommt oder ob sich ein dicker oder ein dünner Mensch der unterirdischen Präriehundsiedlung nähert. Auch Farben können Präriehunde nicht nur klar unterscheiden, sondern auch ihren Artgenossen kommunizieren. So ließ Slobodchikoff drei, etwa gleich große, jedoch mit unterschiedlich farbigen T-Shirts gekleidete Studentinnen mehrere dutzendmal durch die Präriehundsiedlung spazieren. Und siehe da: Die Alarmrufe, mit denen die Wachtposten vor Studentinnen in blauen T-Shirts warnten, unterschieden sich deutlich von denen, mit denen die Nager die Ankunft von mit gelben oder grünen T-Shirts gekleideten Frauen signalisierten. Den Unterschied zwischen Gelb und Grün konnten die Wachtposten lediglich aus rein optischen Gründen nicht kommunizieren. Anders als bei uns Menschen, die

Präriehunde verfügen über die wahrscheinlich umfangreichste
Sprache im Tierreich überhaupt.

drei Grundfarben wahrnehmen können, verfügen Präriehunde
nur über einen sogenannten „dichromatischen" Sinn. Will heißen, die Nager können lediglich zwei Primärfarben wahrnehmen.

Folgt man Slobodchikoff, kann ein Präriehund seinen Artgenossen mit einem einzigen Ruf, der nur eine Zehntelsekunde
dauert, mitteilen: „Achtung, da kommt gerade ein kleiner, dicker
Mensch, der blau gekleidet ist, in langsamem Tempo auf unsere
Siedlung zu." Eine derartig komplexe und präzise Kommunika-
tionsfähigkeit hätte man einem Nagetier bis vor wenigen Jahren
niemals zugetraut.

Aber wie unterscheiden sich die einzelnen doch sehr kurzen
Warnrufe, die für den ungeschulten Beobachter ziemlich iden-
tisch klingen? Nach Slobodchikoffs Meinung sind es Variationen

in den schrillen Obertönen der Alarmrufe, die es den Tieren erlauben, derart komplexe Informationen in einem einzigen kurzen Ruf unterzubringen. Laute, die übrigens nicht angeboren sind, sondern von den jungen Präriehunden erst erlernt werden müssen.

Und gerade für die jungen Präriehunde ist es außerordentlich wichtig, diese unterschiedlichen Warnrufe sehr schnell unterscheiden zu lernen, sonst ist ihr Leben möglicherweise zu Ende, bevor es eigentlich angefangen hat.

Die Koloniemitglieder werden vom Wachtposten sofort mit einem speziellen „Wieder-alles-okay-Ruf" darüber informiert, wenn die Gefahr vorbei ist. Durch diese Maßnahme vertrödeln die Tiere keine unnötige Zeit in ihren unterirdischen Bauten, sondern können wieder ihren normalen Tätigkeiten wie der Nahrungssuche nachgehen.

Erstaunlicherweise gibt es bei den Warnrufen sogar so etwas wie regionale Dialekte. So klingt etwa der Laut für den Begriff „Mensch" bei den Präriehundpopulationen in New Mexiko ganz anders als bei Präriehunden, die in Arizona zu Hause sind.

Allerdings sind die kleinen Nager nicht fremdsprachenfähig. Die fünf unterschiedlichen Präriehundarten, die in Nordamerika leben, können, zumindest nach ersten Beobachtungen, nicht miteinander kommunizieren.

Sänger und Eier

Enrico Caruso, die Beatles und seit neuestem Justin Bieber: Die Erfahrung zeigt, dass gute Sänger mit sexy Songs bei den Damen nicht nur gute Chancen haben, sondern diese auch geradezu in Ekstase versetzen können. Oder wie sonst wäre es zu erklären, dass bei einem Justin Bieber Konzert reihenweise Schlüpfer auf die Bühne geworfen werden? Aber neben dem Herz auch noch die Eierstöcke der Damen zu erobern, das hat noch nicht einmal der legendäre Frank Sinatra geschafft. Und der trug immerhin den Spitznamen „The Voice", da er offensichtlich genau den „Schmelz" in der Stimme hatte, mit dem man bei der Damenwelt Eindruck schinden kann. Für einen gestandenen männlichen Kanarienvogel ist das dagegen kein Problem. Wissenschaftler des Max-Planck-Instituts für Ornithologie im bayerischen Seewiesen haben vor Kurzem herausgefunden, dass männliche Kanarienvögel genau dieses Kunststück beherrschen. Sie schaffen es allein durch die Qualität ihres Gesangs, musikalisch umworbene Weibchen dazu zu bringen, größere Eier zu legen. Oder um es anders auszudrücken: Je schöner ein Kanarienvogelmännchen singt, desto größer fallen die Eier der derart angebaggerten Kanarienvogeldame aus. Oder um es wissenschaftlich etwas exakter zu formulieren: Je mehr sogenannte „sexy Silben" der Gesang eines Männchens enthält, desto größer fallen die Eier des Weibchens aus. Bei diesen sexy Silben handelt es sich um äußerst komplexe Klangfolgen, die deshalb für die Männchen ziemlich schwierig und auch sehr anstrengend zu singen sind. Eine sexy Silbe ist durchaus vergleichbar mit einem menschlichen hohen C. Diesen Spitzenton kann bekanntermaßen auch ein Weltklassetenor nicht ohne Weiteres ständig singen.

Das Kalkül der gesanglich umworbenen Vogeldamen ist dabei genauso einfach wie zielführend: Umso häufiger ein gefiederter Freier in der Lage ist, sexy Silben zu produzieren, desto höher ist die Wahrscheinlichkeit, dass dieser Bewerber über eine hervorragende Gesundheit, eine gute Ausdauer und auch reichlich Power verfügt – und deshalb, aller Wahrscheinlichkeit nach, mit guten Genen ausgestattet ist. Diese Gene kann er dann später, nach dem Akt, an den geplanten Nachwuchs weitergeben. Da lohnt es sich als zukünftige Mutter durchaus, kräftig in die Eigröße zu investieren: Größere Eier enthalten deutlich mehr Nährstoffe. Diese sorgen dann dafür, dass das derart geförderte Küken bereits im Ei kräftiger wird und damit nach dem Schlüpfen auch bessere Überlebenschancen hat.

Und die Wissenschaft gibt den Weibchen recht: Als man bei zwitschernden Kanarienvögeln Muskelaktivität und Luftdurchsatz gemessen hat, stellte sich heraus, dass beide Parameter beim Singen der sexy Silben besonders hoch waren. Gute Sänger verfügen also tatsächlich über eine gewisse Fitness.

Die Optik dagegen spielt bei Kanarienvögeln offensichtlich nur eine untergeordnete Rolle. Erstaunlicherweise müssen die Kanarienvogeldamen ihren künftigen Liebhaber noch nicht einmal in Augenschein nehmen, um zu erfahren, ob sie „Mr. Right" vor sich haben, sie müssen ihn nur hören. Spielt man Kanarienvogelweibchen diverse Männchengesänge vom Band vor, legen die derart beschallten Damen bei Gesängen, die viele sexy Silben enthalten, deutlich größere Eier als bei Gesängen, in denen nur wenige solche Silben enthalten waren. Auf welche Weise das Kanarienvogelweibchen die Eigröße je nach Belieben steuern kann, ist noch unklar. Da besteht noch Forschungsbedarf.

Wie gut ein Kanarienvogel singen kann, ist allerdings auch eine Frage der Züchtung. Weltweit gibt es über 130 verschiedene Kanarienvogelrassen. Wobei die Zucht traditionell, je nach Land, nach ganz unterschiedlichen Kriterien erfolgt: Während deutsche Kanarienvogelzüchter den Schwerpunkt ihrer Zucht auf die Verfeinerung des Gesangs gelegt haben, wollen die englischen Züchter die Gestalt der kleinen Vögel verändern. Auf dem europäischen Festland hat man sich dagegen vor allem mit der Zucht von verschiedenfarbigen Vögeln beschäftigt. Und genau so sind auch die drei großen Zuchtrichtungen beziehungsweise Rassetypen entstanden: die Gesangs-, die Gestalts- und die Farbkanarien. Gestalts- und Farbkanarien können zwar auch singen, aber bei Weitem nicht so gut wie die Gesangskanarien. Bekannte Gesangskanarienrassen sind der „Belgische Wasserschläger", der „Timbrado" oder der „American Singer". Die Rasse, die bei uns in Deutschland jedoch mit Abstand am bekanntesten ist, ist der sogenannte „Harzer Roller", ein Gesangskanarienvogel, den man im 19. Jahrhundert im Harz gezüchtet hat. Berühmt gemacht hat den Harzer Roller, wie schon sein Name verrät, sein „rollender" Gesang. Ein Gesang, der sehr melodisch und sehr abwechslungsreich klingt und den der Harzer Roller auch scheinbar mit geschlossenem Schnabel vorträgt.

Warnvögel

Früher war es im Bergbau üblich, Kanarienvögel mit unter Tage zu nehmen, um sie dort als tierisches Frühwarnsystem einzusetzen. Die Vögel sollten die Bergleute rechtzeitig vor sogenannten „matten Wettern" warnen, sprich vor verdorbener Umgebungsluft, die nur noch einen geringen Sauerstoffanteil, dafür aber tödliche Giftgase, wie etwa Kohlenmonoxid, enthielt. Fiel der Kanarienvogel von der Stange, wussten die Bergleute, dass es höchste Zeit war, das Bergwerk in Richtung frische Luft zu verlassen. Kanarienvögel eignen sich deshalb besonders gut als lebende „Schlechte-Luft-Warnanlage", da sie im Gegensatz zu anderen Vögeln, aber auch zu Mäusen, sehr schnell auf eine steigende Kohlenmonoxidkonzentration reagieren. So zeigt eine Maus erst nach deutlich über einer Stunde eine sichtbare Reaktion auf eine Konzentration von 0,77 Prozent Kohlenmonoxid in der Umgebungsluft, während ein Kanarienvogel bereits nach rund 2,5 Minuten bei einer Kohlenmonoxidkonzentration von 0,3 Prozent von der Stange fällt. Aufgrund dieser Sensibilität wurden Kanarienvögel unter Tage nicht nur im Alltagsbetrieb eingesetzt, sondern oft auch von Rettungstrupps, die nach verschütteten Bergleuten suchten, zum Eigenschutz mitgeführt.

Als „Warnvogel" wurden übrigens bevorzugt weibliche Kanarienvögel eingesetzt. Die deutlich sangesfreudigeren Männchen hielten sich die Bergleute dagegen lieber in der eigenen Stube, um sich an ihrem Gesang zu erfreuen. Mittlerweile haben Kanarienvögel im Bergwerk als tierische Frühwarnsysteme längst ausgedient und sind durch elektronische Gasdetektoren, die jeder Bergmann ständig am Mann trägt, ersetzt worden.

Wer als stolzer Kanarienvogelbesitzer übrigens den überaus verständlichen Wunsch hegt, der eigene Piepmatz solle doch bitteschön, im Vergleich zu seinen Artgenossen, besonders schön singen, der sollte alles daransetzen, ihn bereits im Alter von sechs Monaten in eine sogenannte Singschule zu bringen. Dort muss der geflügelte Pavarotti in spe dann einige Wochen ganz allein in einem kleinen Käfig, dem sogenannten „Gesangbauer", verbringen. Mit dieser Isolation will man erreichen, dass sich die gefiederten Gesangsschüler auch wirklich voll auf ihr Gesangsstudium konzentrieren und nicht etwa durch Revierkämpfe von ihren Gesangsstunden abgelenkt werden. Will heißen, in der Singschule hört man seine Artgenossen zwar, aber man sieht sie nicht. Noch vor rund 30 Jahren wurde den Gesangsschülern stets auch ein besonders schön singender, etwas reiferer Kanarienvogelmann zur Seite gestellt. Dieser Vorsänger, der in Belgien übrigens „Professor" genannt wird, sollte den gefiederten Schülern als Vorbild dienen. In den modernen Kanarienvogel-Gesangsschulen hat man allerdings in den meisten Fällen den „Professor" auf das Altenteil geschickt und ihn – leider etwas banal, aber durchaus zweckmäßig – durch eine CD mit besonders schönen Kanarienvogelgesängen ersetzt.

Dauersänger

Buckelwale gehören ganz klar zu den besten Sangeskünstlern im Tierreich. Zum einen zählen die Gesänge der großen Meeressäuger zu den längsten Gesangsdarbietungen im Tierreich überhaupt und zum anderen zeigen Untersuchungen, dass die Gesänge der Buckelwale nicht nur aus Pfiffen, Bellen, Schreien, Rufen, Grunzen und Stöhnen bestehen, sondern äußerst komplex und regelrecht in Verse oder Strophen unterteilt sind. Bereits in den frühen 1970er-Jahren gelang es den amerikanischen Walforschern Roger Payne und Scott McVay, den ungeheuer komplizierten strukturellen Aufbau der Buckelwalgesänge zu entschlüsseln: Grundeinheit der Gesänge sind demnach einzelne, ununterbrochene Töne, die bis zu mehrere Sekunden lang andauern können. Vier bis sechs dieser Grundeinheiten bilden dann wiederum eine, rund zehn

Sekunden andauernde, sogenannte „Teilstrophe". Und zwei Teilstrophen setzen sich dann zu einer kompletten Strophe zusammen. Im Normalfall wiederholt ein Wal dieselbe Strophe immer wieder über einen Zeitraum von zwei bis vier Minuten. Ein Zeitraum, der in der Wissenschaft als „Thema" bezeichnet wird. Eine Aneinanderreihung dieser Themen bildet dann den Gesang, der bis zu 30 Minuten andauern kann und über Stunden hinweg immer wiederholt wird. Nach Aussagen von Musikwissenschaftler braucht ein Buckelwallied – in Sachen Komplexität und Struktur – nicht den Vergleich mit einer Opernarie oder einer Symphonie zu scheuen.

Kein Wunder also, dass die nahezu außerirdisch klingenden Gesänge der Buckelwale bereits in den 1970er-Jahren mit Unterwassermikrophonen aufgezeichnet, auf Schallplatten gepresst und mit beachtlichem kommerziellem Erfolg an Naturfreunde und Esoteriker in der ganzen Welt verkauft wurden.

Computeranalysen zeigen, dass Buckelwalgesänge ähnlich aufgebaut sind wie die menschliche Sprache: Auch bei Buckelwalen werden einzelne Lauteinheiten zu Phrasen kombiniert, die ständig wiederholt und dann zu Gesängen verbunden werden.

Wissenschaftlern der Universität von Dartmouth gelang es vor einiger Zeit, mithilfe spezieller Computerprogramme festzustellen, wie groß der Informationsgehalt ist, der von einem Buckelwal per Gesang übermittelt werden kann. Das Ergebnis dieser Untersuchung war jedoch eher ernüchternd: Die grauen Riesen transportieren pro Sekunde Lied eine Datenmenge, deren Informationsgehalt deutlich unter einem Bit liegt. Im Vergleich dazu: Ein englischsprachiger Mensch vermittelt pro Wort einen Informationsgehalt von rund zehn Bit. Aus dieser Tatsache schlossen die Forscher, dass es sich bei den Gesängen der Buckelwale, trotz der oben erwähnten sprachähnlichen Struktur, eben doch nicht um eine Sprache im menschlichen Sinne handelt.

Wie die Lautbildung bei Buckelwalen im Einzelnen funktioniert, konnte bisher noch nicht geklärt werden. Allerdings wurde ein signifikanter Unterschied in Sachen Tonbildung im Vergleich zum Menschen festgestellt: Während bei uns Menschen das Atmen – genauer gesagt das Ausatmen – der Ursprung eines jeden Tons ist, können Buckelwale und andere Bartenwale Töne unabhängig von der Atmung produzieren.

Nach bisherigem Kenntnisstand handelt es sich bei den Gesängen der Buckelwale um gesungene Liebesbotschaften, mit denen die Männchen den Weibchen auch über größere Entfernungen ihre Paarungsbereitschaft signalisieren wollen. Manchmal mutieren die Buckelwalbullen dabei regelrecht zu Dauersängern und bringen den Weibchen unermüdlich und nur durch die Pausen, die sie zum Atemholen benötigen, unterbrochen, ein Ständchen nach dem anderen. Bis zu 23 Stunden singen die grauen Riesen am Stück, um die Gunst eines Weibchens zu erlangen. Gleichzeitig sollen mit den Gesängen aber offensichtlich auch unliebsame Rivalen eingeschüchtert werden.

Allerdings singen nicht nur die erwachsenen Bullen, sondern auch männliche Tiere, die noch nicht geschlechtsreif sind. Auf den ersten Blick ein ziemlich unlogisches Verhalten: Selbst, wenn sie es schaffen, mit ihrem äußerst energieaufwendigen Gesang ein Weibchen anzulocken, können sich die jungen Männchen ja mit diesem mangels Geschlechtsreife nicht fortpflanzen. Unlogisch ist das aber nur auf den ersten Blick, denn mit ihrem pubertären Gesang schaffen die jungen Walmänner eine Win-Win-Situation: Weibliche Wale reagieren nämlich nicht, wie etwa Vogelweibchen, auf den Gesang eines einzelnen Männchens, sondern auf den Gesang ganzer Männergruppen. Und je mehr Männchen mitsingen, umso größer ist die Chance, dass sich ein Weibchen anlocken lässt. Will heißen, wenn die jungen, noch nicht geschlechtsreifen Männchen kräftig mit ihren erwachsenen Artgenossen mitsingen, erhöhen sie die Chancen der Gruppe, erfolgreich Weibchen anzulocken. Und auch für die Jungmänner hat der pubertäre Gesang einen kleinen persönlichen Nutzen: Sie können ihre Stimme und das Verhalten im Männerchor schon mal für den „Ernstfall" trainieren.

Übrigens sind die Gesangsdarbietungen der Buckelwale nur im Winter in ihren sogenannten Paarungsgebieten, in den warmen

Gewässern in Äquatornähe, zu hören. Nach ihrer Wanderung zu den polarnahen Sommerquartieren, wo reichlich Nahrung auf die Wale wartet, verstummen die Wale. Zurück im Winterquartier nehmen die Buckelwale dann ihr Lied aus der vorherigen Saison wieder auf, ändern aber peu à peu einzelne Teile der Strophen, sodass ihr Lied sich nach etwa fünf Jahren so verändert hat, dass es nicht mehr wiederzuerkennen ist.

Buckelwalgesänge gehören mit einem Schallpegel von 190 Dezibel zu den lautesten Geräuschen im Tierreich überhaupt. Zum Vergleich: Ein Düsenjet erreicht in 25 Metern Entfernung etwa 140 Dezibel. Ein Buckelwalweibchen kann den Gesang eines Buckelwalmännchens daher durchaus auf eine Entfernung von 1000 Kilometern und mehr vernehmen.

Buckelwalmännchen sind echte Dauersänger.

Der Fingerabdruck der Buckelwale

Für Experten ist es ein Leichtes, bei Buckelwalen die einzelnen Individuen auseinanderhalten. Vorausgesetzt, sie haben genügend Zeit, die Schwanzflossen der gewaltigen Meeressäuger etwas genauer unter die Lupe zu nehmen. Diese weisen, neben charakteristischen Kerben an der Unterseite, eine für jeden Wal einmalige Pigmentierung auf. Dank dieses individuellen Farbmusters können Walforscher Tausende von Buckelwalen unterscheiden und – ein Blick in die Waldatenbank genügt – auch wiedererkennen. Experten sprechen auch vom „Fingerabdruck" der Buckelwale.

Die Gesangsschlachten der Siamangs

Die Territorial- und Liebesgesänge der Siamangs, die allmorgendlich in den Baumkronen der Regenwälder Südostasiens zu hören sind, gehören mit Sicherheit zu den eindrucksvollsten Gesangsdarbietungen im Tierreich überhaupt. Es sind Gesangsdarbietungen, an denen stets die ganze Familie dieser zu den Gibbons gehörenden Affen teilnimmt und mit denen vor allem benachbarte Siamangfamilien in ihre Schranken verwiesen werden sollen. Die Gesänge laufen stets nach einer genau getimten, chronologischen Reihenfolge ab: Bereits vor Sonnenaufgang starten die Männchen der großen Affen, die sich durch ihr tiefschwarzes Fell auszeichnen, mit ihren Gesangseinlagen. Und die haben es in sich: In Klang und Intensität sind die erstaunlicherweise glockenreinen Gesänge durchaus mit einem Schweizer Alphorn zu vergleichen. Um ihren Gesängen auch eine angemessene Lautstärke zu verleihen, nutzen die sangesfreudigen Affenherren einen körpereigenen Verstärker: Ein gewaltiger Kehlsack, der während des Gesangs geradezu monströs aufgebläht werden kann, sorgt dafür, dass die Gesangsdarbietungen auch noch aus vielen Kilometern Entfernung wahrgenommen werden können. Wahre Könner unter den langarmigen Sangeskünstlern schlagen sich während der Gesänge auch noch mit der flachen Hand auf Mund oder Kehlkopf und erzeugen auf diese Weise ein regelrechtes Tremolo. Eine Maßnahme, die ihrem Gesang durchaus eine individuelle Note verleiht. Später am Morgen stimmen dann die Weibchen in den Gesang der Männchen ein und lassen ihren Sopran hören, der es jedoch an Intensität keineswegs mit dem Gesang der Männchen aufnehmen kann. Schließlich sind auch die Siamangkinder nicht mehr zu halten und nehmen ebenfalls am Gesangsduell teil.

Die einzelnen Siamangfamilien mühen sich wirklich redlich, die rivalisierenden Sippen in Grund und Boden zu singen. Auf

Bei den Siamangs singt die ganze Familie.

ihrem Höhepunkt werden die Familien-Gesangsdarbietungen oft auch noch durch wildes Astgeschüttel oder spektakuläre Turnübungen einzelner Familienmitglieder unterstützt.

Die gemeinsamen Gesänge dienen jedoch nicht nur der Revierverteidigung gegenüber rivalisierenden Siamangfamilien, sondern auch dazu, die Bindung zwischen den Geschlechtspartnern zu stärken. Dies zeigt auch die Tatsache, dass neugebildete Paare deutlich mehr Zeit für die gemeinsamen Gesangsdarbietungen aufbieten als Paare, die bereits einen längeren Zeitraum miteinander verbandelt sind. Ist der Duettgesang zwischen Männchen und Weibchen doch umso besser abgestimmt, je länger ein Paar zusammen ist. So gilt offensichtlich auch unter Siamangs zu Recht der Spruch: „Gesang verbindet".

Möglicherweise sind die Gesänge – zumindest manchmal – nur ein Ausdruck überschäumender Lebensfreude, denn bei Regenwetter verstummen die Siamangs.

Liebeslieder für Taube

Auch Tausendfüßlermänner versuchen ab und an, das Herz einer schönen Frau mit einem einfühlsam vorgetragenen Lied zu erobern. Zumindest bei den auf Madagaskar lebenden Riesenkugeltausendfüßlern gibt es diese schöne Sitte.

Riesenkugeltausendfüßler, der Name verrät es schon, rollen sich bei einer drohenden Gefahr zu einer Kugel zusammen – ähnlich, wie dies etwa unsere Igel tun. So sind sie durch ihren kräftigen Chitinpanzer gut vor Fressfeinden geschützt. Und da diese tierischen Kugeln durchaus die Größe eines Apfels erreichen können, hat auch die Bezeichnung Riesenkugeltausendfüßler ihre Berechtigung. Allerdings ist dieses Kugeleinrollen bei der Fortpflanzung äußerst hinderlich. Ein sexhungriges Männchen muss ein eingerolltes Weibchen zunächst in einem langwierigen Prozess mühsam dazu überreden, die kugelige Schutzhaltung doch bitte aufzugeben. Mit einem eingekugelten Weibchen ist natürlich kein Sex möglich.

Um ein „Entkugeln" der Weibchen zu erreichen, stimmen die Tausendfüßer daher regelrechte Liebeslieder an. Allerdings singen die Männchen nicht mit dem Mund, sondern erzeugen Geräusche, indem sie ihr letztes Beinpaar an ihrem Panzer reiben. Das Weibchen kann diese Liebeslieder allerdings nicht hören, denn Tausendfüßler besitzen keine Hörorgane, sind also stocktaub. Aber die Männchen singen keineswegs umsonst. Wenn ein Männchen ganz in der Nähe des Weibchens musiziert, kann dieses die Vibrationen, die die sogenannte Stridulation begleiten, mit speziellen Sinnesorganen erfühlen. Und tatsächlich – wenn der Minnesänger die passende Tonfolge anstimmt, verlässt das Weibchen die Schutzhaltung. Übrigens haben die diversen Riesenkugeltausendfüßlerarten Gesangsmuster, die sich klar unterscheiden, sodass nur Tausendfüßler derselben Art so zueinander finden. Da hat sicher schon so mancher Tausendfüßlermann vergeblich gesungen.

Riesenkugeltausendfüßler

Haben Tausendfüßler tatsächlich tausend Beine?

Ohne Zweifel haben Tausendfüßler, von denen es weltweit etwa 8000 Arten gibt, eine Menge Beine. Einige Arten, von denen manche immerhin bis zu 30 Zentimeter groß werden können, bringen es sogar auf ein paar Hundert. Rekordhalter ist eine rund dreieinhalb Zentimeter große Tausendfüßlerart aus den USA, namens *Illacme plenipes*, die immerhin stolze 750 Beine vorzuweisen hat. Aber tausend Beine, das schafft kein einziges der vielbeinigen Krabbeltiere. Tausendfüßler sind jedoch nicht nur die Tiere mit den meisten Beinen, sondern auch die einzigen Tiere, die sich mit einem Blausäurespray verteidigen können. Während unsere rund 50 heimischen Tausendfüßlerarten völlig harmlos sind, können einige tropische Tausendfüßler durchaus ziemlich unangenehm werden. Bei Gefahr – zum Beispiel durch Fressfeinde – greifen diese Tausendfüßler zum Giftspray. Aus Poren an beiden Seiten ihres Körpers können die Tiere einen blausäurehaltigen Giftcocktail versprühen, der bei kleineren Feinden durchaus tödlich wirken kann. Aber auch Menschen müssen sich vorsehen: Kommt das Tausendfüßlergift mit der menschlichen Haut in Kontakt, können sich Schwellungen, Rötungen und Blasen bilden, die sehr schmerzhaft sind und zudem sehr schwer abheilen. Gerät das giftige Sekret ins Auge, kann dies zu Trübungen der Hornhaut bis hin zur Erblindung führen.

Gut gesungen?

Man weiß schon seit längerem, dass Mäusemännchen – wie Singvögel auch – Liebeslieder singen, um die Damenwelt zu beeindrucken. Allerdings singen die Nager für uns Menschen nicht hörbar im Ultraschallbereich – und nicht nur irgendwelche Quietschlaute. Beim Liedgut der Mäuse handelt es sich um durchaus komplexe Gesänge. US-Forscher der Duke University in Durham haben vor Kurzem herausgefunden, dass bereits Mäusebabys singenderweise Kontakt mit ihrer Mutter aufnehmen. Sind diese Lieder am Anfang im Aufbau noch eher simpel, werden sie mit zunehmendem Lebensalter immer komplexer. Und das ist auch gut so: Die derart besungenen Mäusedamen wissen ein gut vorgetragenes Liebeslied durchaus zu schätzen. Sie bevorzugen, so haben die amerikanischen Wissenschaftler entdeckt, ganz klar Bewerber, die ein komplexes Lied vortragen, vor den Freiern, die ihnen nur ein simples Liedchen zu Gehör bringen. Eine Eigenschaft, die die Nagerdamen mit der Vogelwelt teilen.

Erstaunlicherweise enthalten die Mäuseliebeslieder einzelne Passagen, die ähnlich wie Fingerabdrücke einzelnen Mäusen zugeordnet werden können. Eine Eigenschaft, die besonders clevere Mäusemänner zielgerecht zu nutzen wissen. Die hören sich zuerst die Tonfolgen von in Sachen Sex besonders erfolgreichen Artgenossen an und kopieren sie dann schamlos. Und das mit Erfolg.

Die Männchen des Keulenpipras, eines kleinen Vogels, der in Südamerika zu Hause ist, halten dagegen nichts davon, wie andere Vögel auch, ihre Weibchen mithilfe eines mehr oder weniger betörenden Gesangs anzubaggern. Die südamerikanischen Piepmätze setzen in Sachen Verführung lieber auf die Macht ihres Gefieders: Sie beeindrucken die Dame ihres Herzens durch einen mit den Flügeln erzeugten Balzruf. Wie das genau funktioniert, haben amerikanische Wissenschaftler vor Kurzem mithilfe von Hochgeschwindigkeitskameras herausgefunden: Das Keulenpiramännchen reibt zur Tonproduktion, ähnlich wie eine Grille (siehe S. 77 ff.), seine Flügel gegeneinander. Genauer gesagt, die Herren der Schöpfung reiben die Spitzen ihrer Flügelfedern hinter ihrem Hinterteil aneinander. Und das unglaubliche 106-mal in der Sekunde. Damit ist das Federgeflatter deutlich schneller als das Klappern einer Klapperschlange oder das Flügelschlagen eines Kolibris.

Beim Flügelkonzert entsteht dann, nach Aussage der amerikanischen Keulenpiraexpertin Kimberly Bostwick von der Cornell University, ein Geräusch, das klingt wie „zwei scharfe Klick-Ge-

Handyklingeltöne

Da soll einer mal behaupten, unsere Singvögel wären konservativ. Vogelexperten des Naturschutzbundes Deutschlands haben bereits vor rund zehn Jahren beobachtet, dass Stare, Amseln oder Eichelhäher gesangsmäßig durchaus mit der Zeit gehen. Die Piepmatze bauen gezielt Imitationen von Handyklingeltönen in ihre Balzgesänge ein. Und das so gut, dass selbst Experten nicht das Original von der Kopie unterscheiden können. Allerdings werden bisher nur einfache Klingeltöne nachgeahmt, komplexere Tonfolgen können von Eichelhäher und Co. dagegen noch nicht imitiert werden. Da braucht es wohl noch etwas Übung. Deshalb müssen wir uns noch ein wenig gedulden, bevor wir Lieder von Helene Fischer, Rihanna oder sogar Beethovens Neunte Symphonie, aus Vogelschnäbeln vorgetragen, im Stadtwald vernehmen werden. Vogelexperten sehen den Grund für die Klingeltonimitationen in der Tatsache, dass es in den letzten Jahren auch vergleichsweise scheue Waldvögel wegen der besseren Nahrungssituation vermehrt in die Städte zieht. Zudem bieten diese durch die aufgelockerte Bauweise auch wieder mehr Grünflächen, die von vielen Vogelarten bevorzugt werden. Haben es sich die Vögel erst einmal in dieser neuen Umgebung kommod gemacht, beginnen sie auch, die Geräusche um sie herum zu imitieren.

räusche, gefolgt von einem länger anhaltenden Ton, der an eine Violine erinnert". Ein Balzruf, der in der Welt der Vögel einmalig und nach Aussagen von Experten auch kilometerweit zu hören ist. Dafür sorgt das hohle Innere der Federn, die so als Resonanzkörper wirken können. Und in Sachen Erfolg ist es bei Keulenpipras wie im restlichen Tierleben auch: Gute Flügelreiber kommen bei der Damenwelt häufiger zum Zuge als schlechte.

In Nagekäferkreisen setzt man dagegen beim Flirt auf heftige Trommelgeräusche. Die Männchen des Gescheckten Nagekäfers, eines Holzschädlings dessen Larven vor allem in Eichenholz ihr Unwesen treiben, trommeln gern und ausdauernd mit den Hinterbeinen auf Holz, um Weibchen anzulocken. Von unseren abergläubischen Vorfahren wurden diese doch etwas unheimlich klingenden Geräusche als ein Zeichen des nahenden Todes, der sich durch das Ticken seiner Uhr ankündigt, interpretiert. Und seither hat sich für den eher harmlosen Vertreter aus der Familie der sogenannten „Klopfkäfer" der völlig unverdiente Name „Totenuhr" eingebürgert.

Gestatten, mein Name ist Flipper

„Gestatten, mein Name ist Bond, James Bond". Für uns Menschen ist es selbstverständlich, sich mit unserem Namen vorzustellen beziehungsweise von anderen Menschen mit unserem Namen gerufen zu werden. Im Tierreich war allerdings bis jetzt diese Form der individuellen Ansprache unbekannt. Selbst unsere nächste Verwandtschaft im Tierreich, die Menschenaffen, die immerhin von ihrer Genausstattung zu über 97 Prozent mit uns übereinstimmen, nennen sich nicht gegenseitig beim Namen. Vor Kurzem aber haben schottische Wissenschaftler herausgefunden, dass es eine Tierart gibt, die genau das tut: Delfine sprechen sich mit Namen an. Allerdings hat man diese verblüffende Tatsache nicht bei allen der rund 40 bekannten Delfinarten beobachtet, sondern lediglich beim Großen Tümmler, einer Art, die durch die TV-Serie „Flipper" weltweit bekannt wurde. Große Tümmler senden sogenannte Signaturpfiffe aus – individuelle Folgen von Pfeiftönen, bei denen es sich, so hat die Wissenschaft festgestellt, um den Namen des Meeressäugers handelt. Somit sind Delfine die einzigen Tiere, von denen bekannt ist, dass sie, ebenso wie der Mensch, Informationen über ihre Identität austauschen. Jeder Delfin besitzt eine eigene, individuelle Pfeiftonfolge, mit der er sich bei seinen Artgenossen regelrecht vorstellt. Treffen sich Gruppen von Tümmlern, die sich nicht kennen, dann tauschen die Meeressäuger zunächst intensiv ihre Signaturen aus. Ein bisschen ist das so wie auf einer großen Party, wenn sich fremde Menschen einander vorstellen. Und die Delfine gehen sogar noch ein Stück weiter. Sie erlernen auch die Signaturen von ihren Artgenossen und können sich auf diese Weise gezielt gegenseitig rufen.

Entdeckt haben die schottischen Wissenschaftler diese verblüffende Tatsache dadurch, dass sie zunächst die Signaturpfiffe einzelner Delfine mit Unterwassermikrophonen aufgenommen und anschließend den Delfinen wieder über Unterwasserlautsprecher vorgespielt haben. Die derart beschallten Delfine reagierten, je nach Signaturpfiff, ganz unterschiedlich. Vernahmen die Delfine den eigenen Signaturpfiff, sandten sie diesen sofort ebenfalls aus. Spielte man den Delfinen dagegen die Signaturen anderer Delfine vor, gab es zwei mögliche Reaktionen: Auf den Namen eines ihnen bekannten Tieres reagierten die Delfine zumindest in einigen Fällen damit, dass sie ihn wiederholten, die Signalrufe fremder Tiere ignorierten sie schlichtweg. Delfine wollen offensichtlich nur mit ihnen bekannten Artgenossen kommunizieren.

Seinen Namen erhält ein Großer Tümmler übrigens nicht, wie dies bei uns Menschen der Fall ist, von seinen Eltern, sondern verleiht ihn sich selbst. Der Name entwickelt sich durch eine Art „akustisches Lernen". Neugeborene Tümmler lauschen in den ersten Monaten ihrer Jugend intensiv den Geräuschen in ihrer Umgebung und entwickeln im Laufe der Zeit aus diesen Lauten ein eigenes, individuelles neues Muster an Pfeiflauten. Will heißen, die jungen Tümmler entscheiden sich für eine bestimmte gehörte Tonfolge und verändern sie derart, dass diese Serie von Pfeiftönen ausschließlich sie bezeichnet. Und genau diese Sequenz ist dann ihr Name, den sie in regelmäßigen Abständen ins Meer hinausrufen.

Die gezielte Namensansprache bietet einige Vorteile: Delfine leben im Meer in einer Umwelt, in der es relativ schwierig ist, Kontakt zu halten. Delfine können sich in der Dunkelheit der Tiefe nicht sehen, nicht riechen und sie neigen zudem auch noch

Delfine sprechen sich gegenseitig mit Namen an.

zu ständigen Ortswechseln. Einen eigenen, unverwechselbaren Namen zu besitzen, ist deshalb zunächst ungemein wichtig für die Mutter-Kind-Beziehung. Denn junge Tümmler sind bis zu ihrem dritten Lebensjahr stark von der Mutter abhängig. Hat ein Jungtier aber einen unverwechselbaren Namen, können sich Mutter und Jungtier gezielt rufen, wenn sie sich einmal in der Weite des Ozeans aus den Augen verloren haben. Aber offensichtlich sind die Signaturpfiffe auch wichtig für den Gruppen-

51

zusammenhalt in sogenannten Junggesellengruppen – Tieren, die oft über viele Jahre stabile Allianzen bilden.

Zur Kommunikation stehen den Delfinen neben den bereits erwähnten Signaturpfiffen noch eine ganze Palette weiterer Lautäußerungen, wie etwa Quietschlaute, Triller oder Geschnatter, zur Verfügung. Experten unterscheiden dabei zwischen sogenannten „Hydro-Sounds", sprich Lauten, mit denen sich die Meeressäuger unterhalb der Wasseroberfläche verständigen und „Air-Sounds", Lauten, die oberhalb der Wasseroberfläche abgegeben werden.

Zusätzlich senden Delfine auch noch hochfrequente Klicklaute aus, die weit außerhalb des menschlichen Hörbereichs liegen und – ähnlich wie bei Fledermäusen – der Navigation sowie der Echoortung von Beutetieren dienen.

Interessanterweise verfügen Große Tümmler, die nahe der Küste leben, über ein größeres Repertoire an Ultraschalllauten als Artgenossen, die im offenen Meer zu Hause sind. Ein Umstand, der sich wahrscheinlich dadurch erklären lässt, dass in den Küstengewässern deutlich mehr Hindernisse zu finden sind als auf hoher See. Daher sind die Delfine dort zu einer intensiveren Echo-Navigation gezwungen.

Delfine sind offensichtlich auch stark an einer Kommunikation mit fremden Delfinarten interessiert. So konnten amerikanische Wissenschaftler im Gandoca-Manzanillo-Wildpark vor der Küste Costa Ricas beobachten, dass bei Begegnungen zwischen Großen Tümmlern und den nur entfernt mit Ihnen verwandten Sotalia-Delfinen sich beide Arten bemühten, eine Art gemeinsame Sprache zu finden. Beide Delfinarten, die normalerweise ein völlig unterschiedliches Tonrepertoire aufweisen, begannen bei Begegnungen ihre Gesänge so zu verändern, dass sie sich aneinander anglichen. Offensichtlich wollen die Arten miteinander in Kontakt treten und dabei Informationen, welcher Art auch immer, austauschen.

Relativ neu ist auch die Erkenntnis, dass Delfine neben den bereits erwähnten, rein akustischen Signalen noch über eine weitere Kommunikationsart verfügen. Ein amerikanisch-britisches Forscherteam fand heraus, dass die Meeressäuger offenbar über eine sogenannte „Klangbild-Sprache" verfügen, die es ihnen erlaubt, sich gegenseitig „abgescannte" Bilder von Fischschwärmen, Meeresbodenreliefen und anderen Objekten zu senden. Die Delfine übertragen dabei quasi eine Art Hologramm eines Objekts an ihre Artgenossen, die dadurch das Objekt genauso wahrnehmen, als hätten sie es mit eigenen Augen gesehen.

Wie das genau funktioniert, erklärt der federführend an der Untersuchung beteiligte britische Wissenschaftler John Reid: „Wenn ein Delfin ein Objekt mit seinem hochfrequenten Klangstrahl untersucht, den er in Form von kurzen Klicks emittiert, erzeugt er damit jeweils ein Standbild – fast wie bei einer Kamera, die ein Foto macht. Jedes Delfin-Klicken ist ein Impuls von reinem Klang, der durch die Form des Objekts moduliert wird. Mit anderen Worten: Der reflektierte Schall enthält ein semi-holografisches Abbild des Objekts. Einen Teil der reflektierten Töne nimmt der Delfin mit seinem Unterkiefer auf, von wo aus der Schall auf das anliegende Mittel- und Innenohr übertragen wird, wo das Bild erzeugt wird."

Übrigens, in einem Fall hat man es sogar geschafft, einem Delfin eine Sprache beizubringen, mit der er sich mit uns Menschen verständigen konnte. Ein Delfin namens Akekamai wurde vom Nestor der Delfinsprachforschung, dem Zoologen Louis Herman von der University of Hawaii, in einer selbst entwickelten Gebärdensprache unterrichtet. Die Ausbildung erfolgte so: Zunächst einmal musste Akekamai ein paar hundert Vokabeln büffeln. Zum Beispiel: „Ball", „Fenster", „Surfbrett", aber auch Begriffe wie „oben" und „unten" oder Verben wie „holen" oder „tauchen". Dann lernte der Meeressäuger, auf ganze Sätze – bestehend aus bis zu fünf Begriffen – zu hören. Lautete der Befehl beispielsweise: „Links Reifen bring oben Ball", bedeutete dieses Kommando für Akekamai: „Bring den linken Reifen zum Ball an der Wasseroberfläche".

Der kluge Delfin lernte sogar, grammatikalische Feinheiten zu unterscheiden. So konnte er zum Beispiel relativ schnell unterscheiden zwischen „Person Surfbrett bringen", was bedeutete, dass er einer Person ein Surfbrett bringen sollte, und „Surfbrett Person bringen", was wiederum bedeutete, dass er eine Person zu einem Surfbrett bringen sollte. Und allmählich hat Akekamai auch völlig neue Zeichenkombinationen verstanden. Das war dann der Beweis, dass der kluge Delfin nicht nur stur auswendig gelernt, sondern sogar „mitgedacht" hat.

Unterwassernasenschutz

Lange Zeit glaubte die Wissenschaft, dass Werkzeuggebrauch im Tierreich lediglich bei Affen und Vögeln zu finden sei. Vor einigen Jahren hat jedoch ein Forschungsteam aus der Schweizer und Australien entdeckt, dass auch Delfine Werkzeuge benutzen – obwohl ihnen weder Hände noch ein Schnabel zur Verfügung stehen. Die Delfine basteln sich eine Art Nasenschutz. Die cleveren Meeressäuger lösen Schwämme vom Meeresboden ab und stülpen sie sich über die Schnauze, um so ihr empfindliches Maul bei der Futtersuche am Meeresgrund vor scharfkantigen Steinen und rasiermesserscharfen Korallenstöcken zu schützen. Die Schwämme werden von den Delfinen etwa nach jedem fünften Tauchgang ausgetauscht, da sie zu diesem Zeitpunkt durch den intensiven Gebrauch derart zerfetzt sind, dass sie keinen sicheren Schutz der Schnauze mehr gewährleisten können. Dieses auffällige Verhalten konnte allerdings bisher nur bei einer einzigen Delphinpopulation in der „Shark Bay" an der Küste Westaustraliens beobachtet werden und das auch nur bei 30 von 3000 Tieren. Interessanterweise waren es fast ausschließlich weibliche Tiere, die zum Schwamm griffen. Die Wissenschaftler vermuten daher, dass die „Futtersuche mit Schwamm" ein relativ neu erlerntes Verhalten ist, das wahrscheinlich im Regelfall von den Müttern nur an die Töchter weitergegeben wird.

Allerdings kann man hier keineswegs von einer gemeinsamen Sprache zwischen Delfinen und Menschen sprechen. Wenn Menschen und Schimpansen mittels ASL (*American Sign Language*), der amerikanischen Gebärdensprache, miteinander kommunizieren (siehe S. 19 ff.), dann erfolgt der Informationsfluss in beide Richtungen. Sowohl die Affen als auch die Menschen können ihrem jeweiligen Gegenüber eine Information per Zeichensprache zukommen lassen. Bei der Mensch-Delfin-Kommunikation ist das aber nicht so. Hier kommuniziert nur der Mensch aktiv. Und da er selbst die Gebärdensprache nicht ausführen kann, ist der Delfin zum Zuhören verdammt.

Von wegen „stumm wie ein Fisch"

„Er ist so stumm wie ein Fisch", behauptet der Volksmund und liegt dabei kräftig daneben, denn viele Fischarten sind alles andere als stumm, sondern manchmal sogar richtige Radaubrüder. So gilt bei der Familie der sogenannten Knurrhähne, einer Fischfamilie, die mit über 120 Arten in fast allen Ozeanen vorkommt, ganz klar „nomen est omen".

Die bodenbewohnenden Fische besitzen die Fähigkeit, wenn sie sich unwohl oder bedroht fühlen, laute knurrende, manchmal auch grunzende Geräusche von sich zu geben. Die Geräusche erzeugen die Unterwasserknurrer jedoch nicht mit dem Mund, sondern mithilfe einer schnellen Spezialmuskulatur, die die zweikammerige Schwimmblase der Fische zum Vibrieren bringt.

Noch einen drauf in Sachen „Schwimmblasenmusik" setzt der Nördliche Bootsmannfisch, ein rund 25 Zentimeter großer Meeresfisch, der an der Pazifikküste Nordamerikas zu Hause ist. Dieser Vertreter der „nicht stummen Fische" erzeugt seine Gesänge ebenfalls mithilfe einer sehr schnellen Muskulatur, die seine Schwimmblase derart vibrieren lässt, dass ein Ton mit hoher Frequenz entsteht. Ein Ton, der nach Berichten von

Ohrenzeugen irgendwo zwischen dem monotonen Brummen eines Außenbordmotors, dem gewaltigen Tuten eines Nebelhorns und den Geräuschen, die eine der berühmt-berüchtigten südafrikanischen Vuvuzelas verursacht, liegt. Andere Hörer erinnert der Fischsound eher an eine defekte Waschmaschine, B-29-Bomber im Formationsflug oder asiatische Mönchsgesänge.

Im Gegensatz zum Knurrhahn dienen die Gesänge der Bootsmannfische jedoch nicht dazu, ihrer Umgebung ein gewisses Unwohlsein zu signalisieren, sondern der Liebe. Die Männchen der, um es vorsichtig auszudrücken, optisch wenig ansprechenden Fische, die vom Habitus her an eine Kreuzung aus Kröte und Karpfen erinnern, locken in der Paarungszeit mit ihrem Gesang ihre Weibchen in seichte Küstenwasser und versuchen, diese dort musikalischerweise zur Eiablage zu bewegen. Die Bootsmannfischweibchen stehen übrigens offensichtlich nicht so sehr auf Qualität, sondern eher auf Quantität. In den meisten Fällen entscheiden sich die Weibchen für den Verehrer, der am lautesten und am ausdauerndsten brummt – offensichtlich verheißt diese Kombination besonders gute Gene.

Knurrhähne sind, stimmlich gesehen, echte Radaubrüder.

Die Eiablage selbst findet in einem zuvor vom Männchen sorgfältig ausgewählten Nistplatz statt. Ein Weibchen kann bis zu 400 Eier legen. Da es sich bei den Bootsmannfischmännchen aber um kleine Casanovas handelt, die sich mit mehreren Fischdamen paaren, kann ein Nest durchaus auch 1000 Eier und mehr enthalten. Die Pflege der Eier und die Aufzucht der Jungen ist bei den Bootsmannfischen reine Männersache: Es ist das Männchen, das das Nest sauber hält, den Eiern durch Fächeln mit den Flossen frischen Sauerstoff zuführt und später die geschlüpften Jungfische solange beschützt, bis sie nach 45 Tagen väterlicher Pflege das Nest verlassen.

Bei Bootsmannfischen gibt es neben dem „klassischen" Männchen, dem sogenannten „Typ-1-Männchen", noch eine zweite Männchensorte, der die Wissenschaft dann auch zwangsläufig den Namen „Typ-2-Männchen" verpasst hat. Beide Männchenarten sind schon rein äußerlich leicht zu unterscheiden. Die Vertreter vom Typ 1 sind rund achtmal schwerer als die Männchen vom Typ 2. Auf der anderen Seite sind die Fortpflanzungsorgane beim Typ 2 siebenmal größer als beim Typ 1. Aber auch die Fortpflanzungsstrategien der beiden Männersorten unterscheiden sich gewaltig: Während die Herren vom Typ 1, wie sich das für einen ordentlichen Bootsmannherren gehört, brav ihr Nest bauen, Weibchen mit brummigem Gesang anlocken und später den gemeinsamen Nachwuchs großziehen, sind die Männchen vom Typ 2 deutlich bequemer, um nicht zu sagen betrügerisch, veranlagt: Sie schleichen sich still und leise in das Nest eines Typ-1-Männchens, befruchten dort die Eier und verschwinden dann genauso still und leise, wie sie gekommen sind. Dieser Coup gelingt den Typ-2-Männchen ohne größere Mühe, da sie von Größe und Habitus her leicht mit einem Weibchen zu verwechseln sind und daher vom durchaus wachsamen Typ-1-Männchen oft nicht als Konkurrent, sondern als weitere Eierlieferantin wahrgenommen werden.

Um aber auf die Liebeslieder zurückzukommen: Was in menschlichen Ohren schrecklich klingt, empfinden die Bootsmannfischdamen als Liebeslied der gehobenen Klasse. Und diese Liebeslider werden von der Lautstärke nicht etwa piano, sondern geradezu fortissimo vorgetragen. Sie sind nicht nur so andauernd, sondern auch so laut, dass die Bewohner von Hafenstädten, wie etwa die des kalifornischen Küstenstädtchens Sausalito, in so manchen Sommernächten keinen Schlaf finden können. Besonders arm dran sind die Bewohner von Hausbooten, da die gebrummten Liebeslieder die metallenen Rümpfe ihrer Boote regelrecht zum Vibrieren bringen.

Übrigens kontrolliert der männliche Bootsmannfisch, um von seinem eigenen Liebesgebrumm nicht hörgeschädigt oder taub zu werden, Tonproduktion und Gehörsinn mit der gleichen Hirnregion. Jedes Mal, wenn der beflosste Minnesänger durch Kontraktion der Schwimmblase sein charakteristisches Vibrato ertönen lässt, wird automatisch ein Signal an die Haarzellen seines Ohres gesendet, worauf die Geräuschempfindlichkeit des Hörorgans deutlich abnimmt.

Dummerweise existiert jedoch zwischen Männchen und Weibchen ein massives Kommunikationsproblem. Die Bootsmannfischweibchen können ausgerechnet in jenem Frequenzbereich, in dem ihre Verehrer ihre Liebesgesänge zum Besten geben, nicht sonderlich gut hören. Und das ist eigentlich auch gut so, denn die Weibchen wollen natürlich nicht rund um die Uhr vom permanenten akustischen Liebeswerben belästigt werden. Die Fischdamen interessieren sich nur dann für gesungene Liebesbotschaften, wenn sie sich in ihrer fruchtbaren Phase befinden. Und tatsächlich sorgt ein erstaunliches physiologisches Phänomen dafür, dass die Weibchen erst kurz vor der Paarungszeit ein, im wahrsten Sinne des Wortes, offenes Ohr für die brummigen Liebeslieder ihrer Verehrer bekommen: Ein rapides Ansteigen der Konzentration des weiblichen Geschlechtshormons Östradiol verändert mit einem Schlag die Struktur ihres Innenohrs derart, dass auch Frequenzen über 100 Hertz und damit auch die Lockgesänge der Männchen wahrgenommen werden können.

Am Anfang war den Einwohnern von Sausalito übrigens noch völlig unklar, was die Quelle des fürchterlichen Gebrummes in ihrem Hafenbecken sein sollte. Für erste Erklärungsversuche mussten geheime militärische Experimente, russische Spionage-U-Boote und sogar Außerirdische herhalten. Auch eilig alarmierte Wissenschaftler konnten zunächst selbst mit Hightechgeräten, wie etwa Unterwassermikrophonen, dem Rätsel der Brummtöne nicht auf die Spur kommen. Erst als den Wissenschaftlern im Hafenbecken mehrere Bootsmannfische ins Netz gingen, wurde klar, dass es keine Außerirdischen, sondern nur liebeshungrige Fischmännchen sind, die die lärmgeplagten Hausbootbewohner um ihren mehr oder weniger wohlverdienten Schlaf bringen.

Die Bewohner von Sausalito haben übrigens vor einigen Jahren äußerst clever auf die alljährliche Invasion der lärmenden Fischmännchen reagiert und aus ihrer akustischen Not ein einträgliches Geschäft gemacht. Sie riefen einfach das „Humming Toadfish Festival", das „Festival der brummenden Krötenfische", ins Leben – frei nach dem Motto: „Wenn uns die verdammten Fische schon um den Schlaf bringen, dann wollen wir wenigstens die Nacht mal so richtig durchfeiern." Während der Festivaltage verkleideten sich die Bewohner als Fische und imitierten dabei auch noch die Liebesgesänge der nächtlichen Ruhestörer mithilfe sogenannter „Kazoos" – schlichter Blasinstrumente, denen man saxophonartige Klänge entlocken kann. Aber offensichtlich war das selbst für die traditionell als etwas „verrückt" angesehenen Kalifornier zu viel. Stark sinkende Besucherzahlen sorgten dafür, dass das Festival bereits nach drei Jahren wieder von der Bildfläche verschwand. Seit einigen Jahren klagen übrigens auch die Bewohner von Hythe, einem kleinen Ort in der Nähe von Southampton an der Südküste Englands, über eine nächtliche Lärmbelästigung durch ein unerträgliches Brummen. Und folgt man vielen Wissenschaftlern, sind die Schuldigen bereits ausgemacht. Offensichtlich hat es der Nördliche Bootsmannfisch mittlerweile in den Ärmelkanal geschafft. Bewiesen ist diese Hypothese bisher allerdings noch nicht.

Blähungen über drei Oktaven

Zumindest aus menschlicher Sicht ziemlich unappetitlich gestaltet sich die Kommunikation bei Heringen. Kanadische Wissenschaftler haben vor einigen Jahren herausgefunden, dass die Schwarmfische offensichtlich dadurch kommunizieren, dass sie gezielt Luft aus ihrer Schwimmblase in ihren Analtrakt pumpen und dadurch pulsierende, langgezogene Töne erzeugen. Etwas schlichter ausgedrückt: Sie kommunizieren über kräftige und lang anhaltende Fürze. Die Fische können furzender Weise sowohl sehr tiefe als auch sehr hohe Töne erzeugen. Messungen haben ergeben, dass sich ihr Tonspektrum beeindruckenderweise über mehr als drei Oktaven erstreckt – vom abgrundtiefen Bass bis zum brillanten Falsett. Pro Ton bis zu acht Sekunden lang. Um da mitzuhalten zu können, müsste sich ein menschlicher Sänger schon ganz schön nach der Decke strecken.

Und da die Heringe umso häufiger und dauerhafter Luft ausstoßen, je mehr Artgenossen in ihrer Umgebung schwimmen, glauben die Forscher an eine Art soziale Funktion der gemeinsamen Flatulenzen. Mithilfe von Unterwassermikrofonen haben die Wissenschaftler übrigens herausgefunden, dass pazifische Heringe etwas „klangbegabter" sind als ihre Artgenossen, die im Atlantik zu Hause sind. Die kanadischen Wissenschaftler, die diese doch etwas unappetitlichen Tatsachen aus dem Leben der Heringe herausgefunden haben, erhielten für ihre Forschung sogar den Nobelpreis – nicht den richtigen, sondern den sogenannten „IG-Nobelpreis", der gelegentlich auch als Anti-Nobelpreis bezeichnet wird. Eine satirische Auszeichnung, die von der renommierten Harvard-Universität für besonders skurrile wissenschaftliche Arbeiten verliehen wird.

Übrigens: Noch vor etwas mehr als 100 Jahren hatten die blähungsfreudigen, aber sprachbegabten Heringe auch Kollegen bei uns Menschen. Erinnern die gezielt abgegebenen Analklänge der Heringe doch unwillkürlich an die sogenannten „Kunstfurzer" oder Flatulisten, die Ende des 19. Jahrhunderts auf Jahrmärkten und Rummelplätzen, aber auch im berühmten Pariser Kabarett Moulin Rouge auftraten. Sie boten dort einem mehr oder minder geneigtem Publikum Kostproben ihrer besonderen Fähigkeiten dar.

Heringe kommunizieren mit Hilfe von Blähungen.

Trommeln, Bellen, Knirschen

Auch der Schrecken des Amazonas, die gefürchteten Piranhas, sind in der Lage, mit ihren Artgenossen über eine Art „Lautsprache" zu kommunizieren. Die Fische mit den scharfen Zähnen können dabei gleich drei unterschiedliche Laute von sich geben: In Piranhakreisen wird, je nach Situation, gezielt gebellt, getrommelt oder gequakt. Kommt es zu Streitigkeiten zwischen zwei Piranhas, geben diese Geräusche von sich, die an das Bellen eines Hundes erinnern. Die bellenden Laute sind nach wissenschaftlichen Erkenntnissen als Aufforderung an den Gegner zu verstehen, doch gefälligst das Weite zu suchen. Kämpfen die Kombattanten dagegen um Futter, produzieren sie trommelnde Geräusche. Beide Töne kommen nach Erkenntnissen belgischer Wissenschaftler aus der Schwimmblase. Dort versetzen schnelle Muskeln, die ähnlich wie eine Peitsche auf die Hülle der Blase einschlagen, den vorderen Teil des Auftriebsorgans in Vibrationen, die wiederum für die Produktion der beiden tiefen Tonarten verantwortlich zeichnen.

Lässt sich der Gegner durch Bellen oder Trommeln nicht einschüchtern, schnappt der Piranha mit dem Maul und produziert dabei Geräusch Nummer drei, einen weichen, quakenden Laut, der wahrscheinlich mithilfe der Kiefermuskulatur erzeugt wird. Der genaue Mechanismus ist jedoch noch nicht erforscht.

Auch Clownfische, die es durch den Disney-Animationsfilm „Findet Nemo" vor allem bei Kindern zu einer gewissen Berühmtheit gebracht haben, sind keineswegs stumm. Allerdings kommunizieren die bunt gefärbten Bewohner tropischer Riffe nicht mit der Schwimmblase, sondern mit ihren Zähnen. Die kleinen Fische lassen ihre Backenzähne blitzschnell und mit großer Wucht aufeinander knallen, sodass Geräusche entstehen, die einen menschlichen Zuhörer an eine knarzende Tür erinnern. Das Fischgeknatter wird dabei durch die breiten Knochen des Kiefers, ähnlich wie durch einen Lautsprecher, verstärkt, sodass es sogar an Land wahrgenommen werden kann.

Clownfische sind „Zähneknatterer".

Belgische Wissenschaftler haben jedoch vor einigen Jahren entdeckt, dass die Clownfische mit ihrem Zahngeknatter bei Revierstreitigkeiten durchaus unterschiedliche Aussagen tätigen können: So wird mit aggressivem Geknatter ein Rivale eingeschüchtert, während der Verlierer im akustischen Duell mit einem sanften, sogenannten „Unterwerfungsgeknatter" seine Niederlage eingesteht. In Sachen „Zahngeknatter" ist der Clownfisch übrigens nicht allein. Auch andere Anemonenfische knattern zur Verständigung mit den Zähnen – allerdings jede Art ein bisschen anders. Die Wissenschaft führt diese bemerkenswerte Tatsache auf die unterschiedlich geformten Zähne der einzelnen Fischarten zurück.

Übrigens wissen Fische nicht nur, wann sie singen, sondern auch, wann sie schweigen müssen. So produziert der Lusitanische Krötenfisch, ein bodenbewohnender Fisch, der in tropischen und subtropischen Regionen des Atlantiks zu Hause ist, mithilfe seiner Schwimmblase bei der Balz Laute, die stark an das Gequake einer Kröte erinnern. Vor einigen Jahren haben österreichische Wissenschaftler jedoch herausgefunden, dass Krötenfische ihre Liebesgesänge sofort einstellen, wenn sie mit ihrem bemerkenswert scharfen Gehör die Klicklaute eines Großen Tümmlers ver-

Killer oder Angsthase

Kein Süßwasserfisch hat einen derart schlechten Ruf wie der Piranha. Schließlich gelten die kleinen Fische als die ultimativen Killerfische überhaupt. Nicht nur trinkendes Vieh, sondern auch badende Menschen sollen die „Hyänen des Wassers" am Amazonas und seinen Nebenflüssen blitzartig überfallen und anschließend in Minutenschnelle skelettieren. Schlagen Piranhas zu, wird, so will es zumindest die Legende, die Anzahl der durch den Blutgeruch alarmierten und im hemmungslosen Fressrausch zuschnappenden Raubfische immer größer, bis letztendlich das Wasser um das beklagenswerte Opfer herum regelrecht zu kochen scheint.

Neuere Untersuchungen revidieren allerdings das Bild von der blutrünstigen Bestie Piranha. Mehrere Forschungsarbeiten zeigen, dass Menschen nur relativ selten von Piranhas attackiert werden, und dass es, im Fall der Fälle, auch meist bei kleineren Verletzungen bleibt. Allen Horrorstorys zum Trotz, wurde bisher noch kein einziger Piranha-Angriff (zwei Fälle aus den Jahren 2011 und 2015 werden immer noch kontrovers diskutiert) auf einen Menschen mit tödlichem Ausgang hieb- und stichfest dokumentiert. Ein schottisch-brasilianisches Forscherteam fand sogar vor Kurzem eine Tatsache heraus, die das Bild von der blutrünstigen Bestie Piranha noch weiter demontierte: Piranhas sind nicht nur keine zähnefletschenden Killer, sondern sogar regelrechte Angsthasen – zumindest wenn sie sich außerhalb ihres Schwarms aufhalten.

nehmen. Dieser Meeressäuger ist für seinen unbändigen Appetit auf Krötenfische bekannt und daher der Fressfeind Nummer eins der ziemlich unansehnlichen Fische. Sicherheit kommt eben auch bei Fischen meist vor sexuellem Erfolg.

Übrigens beherrschen Fische keine Fremdsprachen, sie reden immer nur mit ihren Artgenossen.

Piranhas sind bei weitem nicht so gefährlich, wie immer behauptet wird.

Die Wissenschaftler entdeckten bei Versuchen mit in Aquarien leben-den Piranhas, dass vom Schwarm isolierte Individuen nicht nur deutlich schneller atmeten als ihre Artgenossen, sondern auch in ihren Bewegun-gen immer unsicherer wurden. Für die Tatsache, dass die vermeintlichen Killer außerhalb ihres Schwarmes regelrecht in Panik verfallen, hat der „Schwarmforscher" Hanno Hildebrandt von der Universität Groningen eine einleuchtende Erklärung parat: „Ein Schwarm bietet einfach den Vorteil, dass durch ihn das sensorische System eines Räubers überfor-dert wird. Die Wahrscheinlichkeit, innerhalb eines Schwarms bei einer Räuberattacke erwischt zu werden, ist wesentlich geringer als außerhalb, besonders wenn sich die Individuen sehr ähnlich sind."

Wenn Krokodilbabys mit ihrer Mutter sprechen

Krokodile gehören für uns Menschen nicht gerade zu den beliebtesten Tieren. Schließlich haben die gewaltigen Panzerechsen, die immerhin bis zu sieben Meter lang werden, schon so manchen Menschen getötet und danach auch noch genüsslich verspeist. Aber Krokodile sind, trotz ihres gerade mal walnussgroßen Hirns, nicht die „tumben" Monster, für die man sie lange gehalten hat. Krokodile besitzen, so neuste Erkenntnisse, durchaus so etwas wie eine eigene Sprache. Erstaunlicherweise verfügen Krokodile über das größte Lautrepertoire aller Reptilien. Einige Krokodilarten können über 20 unterschiedliche Laute produzieren. Laute, die sie jeweils in ganz bestimmten Situationen einsetzen. So verteidigen zum Beispiel Krokodilbullen ihr Revier mit einem lauten Brüllen, das auch noch in einem Kilometer Entfernung zu hören ist. Auch die Krokodilweibchen verteidigen – vor allem zur Brutzeit – ihr Territorium akustisch. Allerdings sind die Rufe der Weibchen deutlich leiser und setzen sich aus kurzen Zischlauten zusammen. Richtig lärmig wird es bei der Balz. Da geben beide Geschlechtspartner während einer Art „Hochzeitstanz" oft fast eine ganze Stunde lang grollend-bellende Laute von sich. Mit einem hellen Warnruf werden dagegen Artgenossen davon unterrichtet, dass unmittelbar Gefahr droht.

Selbst Krokodilbabys, die sich noch im Ei befinden, kommunizieren durch piepsende Laute miteinander. Mit den Piepslauten wollen die Krokodilbabys ihre Ausschlupfzeit synchronisieren. Eine Absprache nach dem Motto: „Jungs und Mädels, jetzt ist Zeit zu schlüpfen." Das Ganze ist eine clevere Überlebensstrategie. Durch den gemeinsamer Schlupf können die durch den „Jetzt-Schlüpfen-Ruf" ebenfalls herbeigerufenen Krokodilmütter ihre Jungen viel besser verteidigen, als wenn die kleinen Krokodile in mehr oder weniger großen Abständen schlüpfen würden.

Die Krokodilmutter, so herbeigerufen, gräbt die Eier zunächst aus dem Sand aus, wo sie sie drei Monate zuvor verbuddelt hat,

Krokodile können über 20 verschiedene Laute produzieren.

wartet dann bis die Jungen geschlüpft sind, packt diese anschließend in ihr Maul und trägt sie ins nächstgelegene Gewässer. Dort bleibt der Nachwuchs dann noch über mehrere Monate, streng bewacht von der Krokodilmutter, zusammen. Die jungen Krokodile haben jedoch neben dem „Schlüpfruf" noch drei weitere Rufe in ihrem Repertoire: Kontaktlaute in den ersten Lebenswochen, einen Angstschrei und einen Drohlaut, wenn sie sich angegriffen fühlen.

Krokodile kommunizieren übrigens nach neueren Erkenntnissen wie Wale oder Elefanten zusätzlich noch mit sogenanntem Infraschall, sprich Tönen im niederfrequenten Bereich; Tönen, die so tief sind, dass wir Menschen sie nicht hören können (siehe S. 92 ff.). Die Infraschalllaute werden vor allem unmittelbar vor dem bereits erwähnten Brüllen, das ja der Territoriumsverteidigung und der Balz dient, eingesetzt und haben dabei eine derart große Intensität, dass sie sich sowohl in der Luft als auch im Wasser über große Strecken ausbreiten können. Im Wasser sind die Laute sogar sichtbar. Scheint doch das Wasser dann in unmittelbarer Umgebung des Krokodils regelrecht zu kochen. Aber Krokodile haben in Sachen Kommunikation noch einen weiteren Pfeil im Köcher – einen Duftstoff, ein stark nach Moschus riechendes Sekret, das von den Krokodilen während der Balz aus bestimmten Drüsen abgegeben wird. Diese Drüsen liegen sowohl im Unterkiefer als auch in der Nähe der Kloake, also des gemeinsamen Ausgangs von Sexual- und Exkretionsorganen. Der Duftstoff, der übrigens von beiden Geschlechtern gebildet wird, dient im Wesentlichen dem Auffinden des anderen Geschlechtes.

Krokodile sind nicht nur die intelligentesten Reptilien überhaupt, sondern verfügen auch über eine ausgeprägtes Sozialverhalten und – man glaubt es kaum – einen ausgeprägten Spaß am Spiel. Eine Eigenschaft, die im Tierreich relativ selten ist und vor allem auch bei Tieren, die nicht zu den Säugetieren oder Vögeln gehören, kaum anzutreffen ist.

Am häufigsten spielen Krokodile mit Gegenständen, die sie im Wasser finden. Das können Holzstückchen, Schilfstücke oder

Steine sein. Gern wird auch mit Essen gespielt. So konnten Wissenschaftler beobachten, dass ein Krokodil den Kadaver eines Nilpferdbabys immer wieder in die Luft schleuderte, ohne Anstalten zu machen, ihn zu verzehren. Manchmal schmücken sich die großen Echsen auch mit Blumen und bevorzugen dabei offensichtlich die Farbe Pink. Beim sogenannten Bewegungsspiel surfen die Krokodile in der Brandung oder rutschen zum Spaß steile Flussböschungen hinunter. Ein soziales Spiel finden wir dagegen vor allem bei jungen Tieren. So lassen sich kleine Alligatoren gern von ihren größeren Freunden auf dem Rücken tragen. Junge Kaimane haben dagegen offensichtlich viel Spaß daran, spielerisch bestimmte Balzrituale nachzuahmen.

Offensichtlich ist der Spieltrieb manchmal so groß, dass Krokodile auch ab und an mit anderen, wenn auch wenigen Tierarten

Wer hätte das gedacht: Krokodile spielen gerne.

gemeinsam spielen, ja sogar mit Ihnen Freundschaft schließen. So hat man zum Beispiel einmal einen jungen Alligator beobachtet, der in den USA großen Spaß daran hatte, mit einem Flussotter herumzutollen. Und es gibt sogar einige wenige Fälle, in denen Krokodile tiefe Freundschaften mit Menschen geschlossen haben. Menschen, mit denen sie auch spielten und Spaß hatten – ohne sie dabei zu verletzen oder gar zu töten.

Ein geradezu exemplarisches Beispiel für eine derartige Krokodil-Mensch-Beziehung ist die rund 20-jährige Freundschaft, die

Nistmaterial als Köder

Krokodile sind neuesten Beobachtungen zufolge ausgesprochen clever, ja sogar die intelligentesten Reptilien überhaupt. So sind Krokodile, im Gegensatz zu den allermeisten Arten, fähig, aus Fehlern zu lernen und Menschen voneinander zu unterscheiden. Und sie verfügen über eine Fähigkeit, die man im Tierreich bisher nur bei Menschenaffen, Rabenvögeln, Delfinen und Kraken beobachtet hat: Krokodile setzen Werkzeuge ein.

Beobachtet wurde dieser Werkzeuggebrauch bei Sumpfkrokodilen, die in Indien in einem See in der Nähe einer Reiherkolonie leben. Um die Reiher zu erbeuten, gehen diese Sumpfkrokodile äußerst raffiniert vor: In der Nestbausaison der Vögel legen sich die Krokodile zunächst am Rand eines Sees gut getarnt in den Hinterhalt. Aus dem Maul lassen sie dabei – und das ist der Clou – kleine Zweige und Äste ragen. Will sich jetzt ein Reiher auf der Suche nach Nistmaterial, diese Zweige und Äste für sein Nest holen, braucht das Krokodil nur noch zuzuschnappen.

Ein ähnliches Verhalten hat man übrigens auch bei Mississippi-Alligatoren beobachtet und auch diese Panzerechsen haben den „Ködertrick" lediglich explizit in der Brutzeit der ortsansässigen Reiher durchgeführt.

einst einen costa-ricanischen Fischer namens Gilberto Shedden mit einem 500 Kilogramm schweren Krokodil namens Pocho verband. Eine Beziehung, die erst mit dem Tod Ponchos im Jahr 2011 endete. Shedden hatte das von einer Schusswunde am Kopf schwer verletzte Krokodil 1989 am Straßenrand gefunden und gesund gepflegt. Pocho freundete sich daraufhin mit seinem Retter an, ging regelmäßig mit ihm schwimmen und hatte bei diesem gemeinsamen Badevergnügen stets großen Spaß daran, seinen menschlichen Kumpel zum eigenen Vergnügen zu erschrecken, mit ihm im Wasser herumzutollen und ihm ab und an auch ein Küsschen zu verpassen.

Offensichtlich „spielen" Krokodile in erster Linie wirklich nur zu ihrem Vergnügen, aber nach Meinung von Verhaltensforschern handelt es sich bei diesem Vergnügen gerade bei Jungtieren auch um ein geistiges und körperliches Training, das die Tiere dann später auch auf den „Ernstfall des Lebens" vorbereitet.

Ich hätte gern eine Banane

Wenn es darum geht, menschliche Laute möglichst gut nachzuahmen, dann liegen nach Ansicht der Wissenschaft Graupapageien ganz weit vorn. Und das hat etwas mit ihrer Anatomie zu tun. Bei Papageien sitzt das Stimmbildungsorgan nicht wie bei uns Menschen im Hals, sondern wie bei allen Vögeln im Brustkorb. Vögel singen also tatsächlich aus voller Brust. Das Stimmbildungsorgan, der sogenannte Syrinx, besteht aus diversen schwingfähigen Membranen, deren Spannung durch Muskeln verändert werden kann, wodurch verschiedene Töne entstehen. Der entscheidende Grund, warum Papageien besser sprechen als andere Vögel, ist jedoch die Beschaffenheit ihrer Zunge. Die ist sehr lang, sehr kräftig und für Vogelverhältnisse auch ungewöhnlich dick. Mit einem derart beschaffenen Organ können Papageien deshalb, genau wie wir Menschen, aus verschiedenen Tönen unzählige Laute formen.

Und warum sprechen Graupapageien und einige andere Papageienarten überhaupt mit uns Menschen? Für diese Tatsache bietet die Wissenschaft gleich mehrere Hypothesen. Die bekannteste ist die sogenannte „Nichtvereinsamungshypothese". Papageien sind in der Regel sehr gesellige und kommunikative Tiere, die meist in größeren Gruppen leben und über vielfältige Laute miteinander kommunizieren. Die einzelnen Gruppen grenzen sich dabei durch unterschiedliche Laute voneinander ab. Schließt sich ein junger Papagei einer Gruppe an, lernt er den „Gruppen-Slang", behält aber gleichzeitig bestimmte sprachliche Eigenheiten bei. Auf diese Weise können die Vögel einzelne Individuen an ihren Lauten erkennen und gleichzeitig heraushören, zu welcher Gruppe sie gehören. In menschlicher Obhut lebende Papageien nutzen ihr Sprach- und Imitationstalent, um nicht zu vereinsamen – sprich, um mit ihrem Besitzer zu kommunizieren. Durch die Nachahmung der menschlichen Sprache gewinnt der Papagei die Aufmerksamkeit des Menschen und schafft es so, die fehlende Kommunikation mit seinen Artgenossen zu kompensieren.

Und wer ist oder war denn der am besten sprechende Papagei aller Zeiten? Wenn es nicht um die Klarheit der Aussprache, sondern um den Wortschatz geht, ist diese Frage relativ leicht zu beantworten: Lange Zeit war es eine Graupapageiendame namens Prudle, die im berühmten „Guinnessbuch der Weltrekorde" mit einem Vokabular von 800 Wörtern als Papagei mit dem größten Wortschatz weltweit aufgeführt wurde. Das Graupapageienweibchen konnte außerdem auch von 1965 bis 1976 den alljährlich in London durchgeführten Wettbewerb „Sprachbegabtester Vogel der Welt" für sich entscheiden. Das ewig plappernde Papageienweibchen, das ursprünglich in Uganda zu Hause war, verstarb 1994 im Alter von 36 Jahren. 2004 wurde Prudle jedoch von ihrem Artgenossen N´kisi, der es auf stolze 950 Wörter brachte, deutlich überflügelt.

⇐ Graupapageien verfügen über den größten Wortschatz aller Vögel.

Allerdings zeigt sich seit einigen Jahren, dass Papageien eben nicht nur irgendetwas, was sie von Menschen gehört haben, ohne Sinn und Verstand nachplappern. Die Vögel wissen offensichtlich, zumindest teilweise, was sie da von sich geben. Graupapageien können durchaus bestimmte Worte mit den entsprechenden Handlungen in Verbindung bringen. So berichteten deutsche Papageienzüchter von einem besonders pfiffigen Exemplar, das immer, wenn sein Besitzer eine Flasche Bier aufmacht, laut und deutlich „Prost!" sagt. Und wenn Herrchen dann einen Schluck genommen hat, wurde dies mit einem „Hm, schmeckt gut" kommentiert. Zum Sprachverständnis der im wahrsten Sinne des Wortes klugen Vögel passt auch eine Anekdote, die die „Mutter der Schimpansenforschung", Jane Goodall, gern erzählt: Als der bereits erwähnte N'kisi zum ersten Mal auf die berühmte Affenforscherin traf, die er vorher nur von Fotos, auf denen Goodall zusammen mit Affen abgebildet war, kannte, begrüßte er sie erstaunlicherweise mit den Worten: „Du hast einen Schimpansen?"

N'kisi hat offensichtlich auch einen gewissen Sinn für Humor. Als der sprachbegabte Vogel einmal auf einen anderen Papagei traf, der großes Vergnügen daran hatte, sich kopfüber von seiner Stange hängen zu lassen, kommentierte er dies mit einem ziemlich coolen: „Das muss man fotografieren."

Unangefochtener Superstar unter den sprechenden Graupapageien war jedoch, bis zu seinem Tod 2007, ein in Amerika lebender Graupapagei namens Alex, der allgemein als schlauster Papagei der Welt betrachtet wurde.

Alex, dessen Name ein Akronym ist für Avian Learning EXperiment, „Vogellernexperiment", wurde über einen Zeitraum von über 30 Jahren von der amerikanischen Tierpsychologin Irene Pepperberg zuerst an der Universität von Arizona und später an der Brandeis University in Massachusetts trainiert und ausgebildet. Der akademisch vorgebildete Vogel hatte zwar lediglich einen vergleichsweise geringen Wortschatz von rund 100 Wörtern, konnte jedoch Laute neu kombinieren und dadurch neue Wörter bilden.

So hat Alex, als er zum ersten Mal im Leben einen Apfel zum Verzehr angeboten bekam, die ihm unbekannte Frucht durchaus treffend „banerry" – zusammengesetzt aus *banana* (Banane) und *cherry* (Kirsche) – genannt.

Es war auch möglich, mit Alex regelrechte Dialoge zu führen – und das durchaus kontrovers. So forderte Alex zum Beispiel einmal von seinen Betreuern: *Wanna banana* (ich hätte gern eine Banane). Als die ihm stattdessen jedoch eine Nuss anboten, wiederholte der Papagei zunächst höflich, aber bestimmt seinen Wunsch nach einer Banane. Als die Betreuer ihm dann wiederum nur eine Nuss offerierten, riss Alex der Geduldsfaden: Er packte die Nuss mit dem Schnabel und warf sie erbost gegen seine Betreuer. Als die sich daraufhin über Alex Verhalten verärgert zeigten, versuchte der offensichtlich harmoniebedürftige Alex sofort, die Wogen der Erregung mit einem *I'm sorry* zu glätten.

Allerdings konnte Alex durchaus auch strenge Seiten aufziehen. So tadelte er einmal seinen deutlich jüngeren Artgenossen Griffin für seine unverständliche Aussprache mit einem scharfen *talk clearly* (sprich deutlich).

Alex hatte aber noch deutlich mehr zu bieten, als inhaltsschwangere Gespräche mit Menschen zu führen. Der kluge Papagei konnte außerdem bis sechs zählen, immerhin sieben Farben und fünf Formen unterscheiden und zur Verblüffung aller Wissenschaftler verstand Alex auch die Bedeutung der Zahl „Null". Kein Wunder also, dass einige Wissenschaftler Alex immerhin das Intelligenzniveau eines fünfjährigen Kindes bescheinigten.

Aber auch Genies müssen irgendwann das Zeitliche segnen. Und Alex war leider kein langes Leben beschieden, sondern er verstarb aus unbekannten Gründen bereits im Alter von nur 31 Jahren. Papageien können in Gefangenschaft 50 Jahre alt werden. Sogar die letzten Worte von Alex sind überliefert: Als Irene Pepperberg am Abend vor dem Tod des klugen Papageien das Labor verließ, verabschiedete sich er sich mit diesen Worten von seiner menschlichen Bezugsperson: „Benimm dich! Sehe dich morgen. Ich liebe dich." Ein Ende fast wie in einer Hollywoodschnulze.

Fuck Hitler

Es war eine Nachricht, die 2004 durch die Weltpresse ging: In einem kleinen Gartencenter, im britischen Städtchen Reigate, sollte nicht nur der mit einem damaligen Lebensalter von stolzen 104 Jahren älteste Papagei der Welt leben. Nein, Charlie, so der Name des Gelbbrustaras, war auch für seine heftigen Flüche und Schimpftiraden weit über die Grenzen von Reigate hinaus bekannt. Und für diese Fähigkeit soll kein Geringerer als der berühmte britische Premierminister Winston Churchill, so damals der „Daily Mirror", verantwortlich gewesen sein. Churchill soll den Ara, nach Recherchen des Blattes, bereits 1937 gekauft haben und nach Erwerb des neuen gefiederten Hausgenossen gleich damit begonnen haben, ihm die übelsten Flüche beizubringen. Berühmt gemacht haben Charlie seine wütenden Schimpftiraden über die nationalsozialistische Regierung Deutschlands. Vor allem so herzhafte Beschimpfungen wie „Fuck Hitler" und „Fuck the Nazis" soll Charlie immer wieder in Krisensitzungen, wenn auch etwas krächzend, aber unverkennbar in Churchill'schem Duktus vorgetragen haben.

Allerdings hat diese schöne Geschichte vom fluchenden Papageien gleich mehrere gewaltige Haken. Lady Soames, die Tochter Churchills, bestreitet energisch, dass ihr Vater jemals einen Ara besessen und ihm schon gar nicht Flüche auf die Nazis beigebracht habe. „Die Vorstellung, dass mein Vater während des Krieges Zeit darauf verwendet haben soll, einem Papagei Beleidigungen beizubringen, verdient nicht einmal einen Kommentar", erwiderte die streitbare Lady auf alle Vermutungen und Gerüchte zur „Sprachausbildung" Charlies durch den englischen Kriegspremier. Eine Klarstellung, die von Sylvia Martin durchaus bestätigt wird. Die Geschäftsführerin des Gartencenters in Reigate assistiert dem Ara, ein ausgesprochen liebenswürdiger Vogel zu sein: „Charlie flucht nicht. Und er sagt nicht Fuck und nicht Hitler." Manchmal kann eben auch ein berühmter Papagei nur eine (Zeitungs-)Ente sein. Übrigens, Charlie ist mittlerweile 117 Jahre alt und erfreut sich, dem Vernehmen nach, immer noch bester Gesundheit.

Die Forschung an Alex hat die Vorstellung, die man bisher von der Intelligenz von Papageien hatte, durchaus revolutioniert. Hielt man Papageien lange Zeit für sehr sprachbegabt, aber nicht gerade mit übermäßiger Intelligenz gesegnet, geht die Wissenschaft heute dank Alex davon aus, dass die Intelligenz von zumindest einigen Papageien durchaus mit der von Menschenaffen, Delfinen oder Rabenvögeln vergleichbar ist.

Streichinstrumente

Wir Europäer stehen dem Gezirpe einer Grille ja durchaus gemischt gegenüber. Was für den einen in einer lauen Sommernacht recht romantisch klingt, empfindet der andere als ziemlich lästig, manchmal sogar regelrecht nervtötend. Ganz anders in China: Im Reich der Mitte stellt der Gesang der kleinen sechsbeinigen Musikanten einen Kunstgenuss höchster Güte dar – fast ausnahmslos für alle Chinesen. So schreibt etwa ein Chinesischer Dichter im Jahr 1900: „Das ewige Auf- und Abklingen des Zirpens, einem Vibrato continuo gleich, erfüllt mich mit Freude und Trauer, es ist eine himmlische Stimme, eine Musik, für den Mann der Muße wie geschaffen." Kein Wunder also, dass „singende" Grillen in China bereits seit vielen Jahrhunderten als überaus beliebte Haustiere gehalten werden.

Erste Nachweise dieser großen Leidenschaft finden sich bereits in einem Buch über die Regierungsperiode Tian Baos (742–759): „Wenn der Herbst kommt, fangen die Palastdamen Grillen und sperren sie in kleine goldene Käfige, die sie neben ihr Kopfkissen stellen, sodass sie die ganze Nacht lang ihrem Gesang lauschen können." Bei den meisten dieser „Palastdamen" handelte es sich um die rund 3000 Konkubinen des chinesischen Kaisers, denen der Gesang der kleinen Insekten wohl über die zahlreichen einsamen Nächte im „goldenen Käfig" des Palastes hinweghelfen sollte.

Bereits während der von 1644–1911 andauernden Qing-Dynastie traten dann bereits speziell ausgebildete „Grillenbetreuer" auf den Plan, deren Aufgabe es war, im Kaiserpalast für das Wohlergehen der singenden Insekten zu sorgen, aber auch Gesangsdarbietungen der Grillen zu arrangieren, wann immer dem Kaiser oder hochrangigen Höflingen nach einem Grillenkonzert zumute war.

Kein Wunder also, dass die Grillenbetreuer bald auch über eine umfangreiche „Grillenliteratur" verfügten. Jede chinesische Kaiserdynastie brachte die Neuauflage eines Handbuches heraus, in dem die korrekte Zucht und Hälterung der kleinen Sangeskünstler, aber auch Anleitungen zur Qualitätssteigerung des Grillengesangs bis ins allerkleinste Detail beschrieben wurden. Tricks und Kniffe gab es reichlich: Zirpten die Grillen nach dem Geschmack der Grillenbetreuer in zu tiefen Tönen, versuchte man beispielsweise, die Stimmlage der Insekten durch das Auftragen einer Mixtur aus Harz und Messingpulver auf die Flügel zu erhöhen.

Das Privileg, dem Gesang der Grillen lauschen zu dürfen, blieb jedoch nicht allzu lange lediglich den chinesischen Kaisern und ihren Gespielinnen vorbehalten. Innerhalb weniger Jahre fand auch das einfache Volk Gefallen an den singenden Insekten und es dauerte nicht lange, bis zu nahezu jedem chinesischen Haushalt selbstverständlich auch eine familieneigene Grille gehörte. Und die hatte je nach Jahreszeit sogar unterschiedliche Quartiere: Im Sommer wurden die Grillen in luftigen kleinen Bambuskäfigen, die meist Palästen, Türmen oder Booten nachempfunden waren, gehältert. Im Winter dagegen schützte meist ein mit Watte ausgekleideter Bambuskorb, inklusive eingebauter Wärmeflasche, die sechsbeinigen Sangeskünstler vor allzu viel Kälte.

Sogar in Extremberufen, so berichtet zumindest der Volksmund, wollte man nicht auf den geliebten Grillengesang verzichten. So sollen selbst Soldaten im Einsatz Grillen gehalten haben, damit sie sich in den Kampfpausen nicht allzu sehr langweilten. Prostituierten wiederum versüßte der geliebte Sound die Zeit, in der gerade kein Freier anwesend war.

Mit Beginn der „Großen Proletarischen Kulturrevolution" war es dann allerdings mit einem Schlag vorbei mit dem häuslichen

Grillengesang. Das bei Chinesen so beliebte sogenannte „kleine Spiel" – das Halten von Tieren aller Art – wurde von der kommunistischen Regierung als „bürgerlich und verschwenderisch" eingestuft und deshalb streng verboten.

Inzwischen ist die Grillenhaltung in China jedoch von offizieller Seite wieder geduldet und die Nachfrage nach den so überaus beliebten singenden Insekten wieder so groß geworden, dass die Grillenzucht in China zu einem überaus lukrativen Geschäft geworden ist. Kein Wunder also, dass überall in der Umgebung Pekings in den letzten Jahren kleine Grillenfarmen wie Pilze aus dem Boden geschossen sind. Und so zirpen die Grillen wieder überall im heutigen China und zwar sowohl in den Taschen von antiquierten Mao-Jacken als auch in modischen Designermänteln, in Rikschas ebenso wie in Luxuslimousinen – Grillenhaltung ist ein wahrhaft klassenloses Vergnügen.

Wie alle anderen Laubheuschrecken auch, singen Grillen nicht etwa mit dem Mund, sondern mit den Flügeln. Die kleinen Wiesenmusikanten erzeugen das charakteristische Zirpen, indem sie ihre Flügel aneinander reiben, wobei eine spezielle gezähnte Schrillleiste über eine sogenannte Schrillkante streift. Lange Zeit glaubte man, dass die Grillenmänner bei ihren Gesängen beide Flügel gleichermaßen bespielen. Neuere Untersuchungen zeigen

Grillen musizieren mit den „Flügeln".

jedoch, dass es sich bei Grillen um sogenannte „Rechtsgeiger" handelt. Beim Zirpen streichen die kleinen Musikanten stets mit der Zahnleiste ihres rechten Flügels über die Schrillkante des linken Flügels. Dabei geraten die rund 140 winzigen Zähnchen, die auf der Unterseite der Schrillleiste sitzen, in Schwingungen und erzeugen dadurch das für den Grillengesang typische „Kri Kri Kri". Verstärkt wird der Grillengesang durch einen körpereigenen Lautsprecher, die sogenannte Harfe, eine flexible Membran im Flügel, die die „Zahngeräusche" aufnimmt und dann wiederum an die Umgebung abstrahlt.

Paarungsmelodien

Nicht alle Grillen zirpen. Lediglich die Männchen betätigen sich als Sangeskünstler – aus den im Tierreich üblichen beiden Gründen: zum einen, um paarungswillige Weibchen anzulocken, und zum anderen, um ihr Revier auf akustischem Wege zu verteidigen und etwaige männliche Rivalen in die Flucht zu schlagen. Trägt diese akustische Territorialverteidigung keine Früchte und der Eindringling lässt sich nicht durch die Gesangskünste des Revierinhabers vertreiben, kommt es zu einer körperlichen Auseinandersetzung der beiden Kombattanten. Die betasten sich dabei zunächst einmal gegenseitig mit den Fühlern, die sie jedoch alsbald als Schlagwerkzeuge einsetzen. Und dann wird es schnell blutig: Jetzt kommen die Mandibeln, die scharfen Mundwerkzeuge der kleinen Insekten, zum Einsatz. Damit können sich die Streithähne durchaus tödliche Verletzungen zufügen. Hat der Unterlegene bei einem solchen Duell besonderes Pech, wird er vom Sieger anschließend auch noch aufgefressen.

Wesentlich sanftmütiger geht es bei den Liebesliedern der Grillen zu. Hat sich tatsächlich ein Weibchen von den Sangeskünsten des Grillenfreiers anlocken lassen und das Männchen, zum Zeichen eines vorläufigen Einverständnisses zur Paarung, mit den Fühlern betastet, legt sich der geflügelte Troubadour noch einmal richtig ins Zeug und stimmt die sogenannte „Paarungsmelodie" an. Ein Lied, das deutlich leiser und kürzer ausfällt als der bis hierhin zu hörende „Lockgesang". Gefällt dem Weibchen das Streichkonzert, besteigt es den Freier. Der biegt daraufhin seinen überaus flexiblen Hinterleib nach oben und begattet das Weibchen. Ist das Weibchen dann nach dem Akt wieder abgestiegen, ist beim Männchen noch eine sogenannte Nachbalz zu beobachten. Dabei vollführt das Männchen seltsame ruckartige Bewegungen begleitet von heftigem Zittern der Antennen.

Die Weibchen lassen sich bei der Partnerwahl üblicherweise reichlich Zeit – vielleicht bringt die Zukunft ja ein Männchen, das noch lauter zirpt, vielleicht auch größer und kräftiger ist und sich deshalb durch eine hervorragende genetische Ausstattung auszeichnet.

Der slowenische Entomologe Ivan Regen hat übrigens bereits 1913 mit einem ziemlich skurrilen Versuchsaufbau nachgewiesen, dass der sogenannte Lockgesang der Grillenmänner der Anlockung paarungswilliger Grillendamen dient: Der Wissenschaftler nahm den Lockgesang eines Männchens auf Band auf und spielte ihn dann anschließend in einem anderen Zimmer, in dem sich ein Grillenweibchen befand, über einen Telefonhörer ab. Und siehe da, das derart bezirpte Weibchen lief schnurstracks auf den Telefonhörer zu, da es dort ein Männchen vermutete. Die Grillenweibchen beantworten übrigens die Gesänge ihrer Verehrer nie. Und das hat einen simplen Grund: Ihre Flügel sind schlicht und einfach nicht mit lauterzeugenden Einrichtungen versehen.

Gesungen wird fast ausschließlich in der Balzzeit der kleinen Insekten, die sich von Mai bis Juli erstreckt. Die Gesangsdauer ist dabei stark an die Umgebungstemperatur geknüpft: Während die Grillen bei Kälte nahezu verstummen, sind die kleinen Krachmacher an warmen und sonnigen Tagen vom späten Vormittag bis tief in die Nacht zu hören. Und dann haben manche Grillenmännchen noch einen besonderen Trick auf Lager, um bei der Partnerwahl gegenüber unliebsamen Konkurrenten die Nase vorn zu haben: Sie nutzen selbst gegrabene Höhlen als Schalltrichter und erhöhen so massiv ihre Lautstärke.

Das Grillenthermometer

Bereits 1897 hat der amerikanische Physiker und Erfinder Amos Emerson Dolbear herausgefunden, dass man Grillen durchaus auch als eine Art lebendes Thermometer nutzen kann. Die Zirpfrequenz der lärmenden Insekten ändert sich mathematisch exakt in Abhängigkeit von der Temperatur. Eine einfache Regel, das sogenannte „Dolbearsche Gesetz", besagt: Zählt man die Zirptöne der Grille über eine Dauer von 15 Sekunden und addiert 40, erhält man die Temperatur in Fahrenheit. Zählt man dagegen die Zirptöne über einen Zeitraum von 25 Sekunden, dividiert diese Zahl durch drei und addiert vier, erhält man die Temperatur in Grad Celsius. Vernimmt man beispielsweise 50 Zirplaute innerhalb von 25 Sekunden, ergibt sich nach dieser Rechnung eine Temperatur von 20 Grad Celsius. Das auf den ersten Blick ziemlich verblüffende Phänomen ist leicht zu erklären: Grillen sind wechselwarme Tiere, sie passen – wie alle Insekten – ihre Körperwärme der Außentemperatur an. Will heißen, bei niederen Temperaturen bewegen sich Grillen kaum, steigt dagegen das Thermometer, nimmt auch die Bewegungsfreudigkeit der sechsbeinigen Sänger, in diesem Fall ihre Zirpfrequenz, zu.

So spektakulär die Lauterzeugung bei den Grillen ist, so ungewöhnlich gestaltet sich auch der Hörvorgang bei den sechsbeinigen Sängern. Die Ohren oder, besser gesagt, die sogenannten Tympanalorgane sitzen bei den Grillen nicht am Kopf, sondern an den Schienbeinen der Vorderbeine. Bei den Tympanalorganen handelt es sich um winzige Hohlräume mit einem Durchmesser von gerade 0,5 Millimetern, die nach außen hin von einer dünnen Hautmembran, dem sogenannten Tympanum, begrenzt sind. Und genau diese Membran wird durch Luftschall in Schwingungen versetzt. Diese werden wiederum durch Mechanorezeptoren wahrgenommen und über diverse Nerven an das Gehirn weitergeleitet. Da die Typanalorgane jeweils an den Schienbeinen beider Vorderbeine sitzen, ist auch ein Richtungshören möglich.

Aber wie halten die Grillen diesen ohrenbetäubenden Lärm, den sie beim Zirpen veranstalten, überhaupt aus? Schließlich, so ergaben Messungen, herrscht während des Gesangs der kleinen Wiesenmusikanten zwischen ihren Vorderbeinen immerhin ein Schalldruck von mehr als 100 Dezibel. Das entspricht in etwa dem Lärm, der auf der Tanzfläche einer Diskothek herrscht, oder dem Geräusch eines Presslufthammers in rund sieben Metern Entfernung. Kein Wunder also, dass der Gesang der kleinen Sangeskünstler auf eine Entfernung von bis zu 50 Metern zu vernehmen ist.

Die Grillen selbst stellen während ihres eigenen Gesangs ihre Ohren auf Durchzug. Neurowissenschaftler der Universität Cambridge haben vor einigen Jahren herausgefunden, dass die Nervenzellen, die für die Steuerung des Zirpvorgangs verantwortlich sind, nicht nur Signale zu den „Zirpwerkzeugen", sprich den Flügeln, senden, sondern zeitgleich auch die sogenannten Omega-1-Neuronen reizen – Nervenzellen, die den Hörvorgang hemmen. Diese Hemmung hat gleich zwei Vorteile: Zum einen bleibt die Empfindlichkeit des Gehörs, trotz des selbst produzierten Lärms, erhalten, zum anderen können die Miniaturradaumacher stets zwischen eigenem und fremdem Gesang unterscheiden. Das ist im Kampf um Damen und Reviere nicht gerade unwichtig.

Das Blechdosendeckel-Prinzip

Jeder der seinen Sommerurlaub schon einmal am Mittelmeer verbracht hat, kennt es: das unermüdliche Zirpen der Zikaden – genauer gesagt, der sogenannten Singzikaden. Denn obwohl alle Zikadenarten mittels Schall- beziehungsweise Erschütterungswellen kommunizieren können, sind nur die Singzikaden in der Lage, dabei auch von uns Menschen hörbare Laute zu produzieren. Aber auch nicht alle Singzikaden zirpen. Bereits die alten Griechen wussten, dass es bei den Singzikaden nur die Herren der Schöpfung sind, die ihre Umwelt mit ihren mehr oder weniger gelungenen Gesangsdarbietungen erfreuen. So schrieb bereits im vierten Jahrhundert vor Christus der griechische Komödiendichter Xenarchos zwar durchaus treffend, aber dafür doch wenig charmant: „Glücklich leben die Zikaden, denn sie haben stumme Weiber." Der Gesang der Zikadenherren dient in erster Linie der Anlockung von Weibchen, gleichzeitig sollen durch die akustische Reviermarkierung aber auch lästige Konkurrenten ferngehalten werden.

Zur Erzeugung ihres charakteristischen Zirpens besitzen Singzikaden im Übergangsbereich zwischen Brust und Hinterleib ein sogenanntes Trommelorgan. Hier werden mithilfe äußerst leistungsfähiger „Singmuskeln" Teilbereiche des Außenpanzers, die sogenannten „Schallplatten", bis zu 500-mal pro Sekunde eingedellt. Anschließend schnellen die Platten wieder zurück. Das Ganze klingt in etwa so, als würde man einen gewölbten Blechdosendeckel mit rasender Geschwindigkeit immer wieder eindrücken und anschließend wieder ausbeulen. Im Hinterleib leistet ein riesiger, als Resonanzkörper dienender Luftsack einen wichtigen Beitrag zur Verstärkung des Schalls.

So verwundert es nicht, dass Singzikadenmännchen bei guten Witterungsbedingungen gut einen halben Kilometer weit zu hören sind und mit einer Lautstärke von bis zu 120 Dezibel zu den lautesten Insekten überhaupt gehören. Und als ob das noch nicht genug wäre, untermalen einige Singzikadenarten ihren Gesang auch noch zusätzlich mit Klicksignalen, die mithilfe der Flügel erzeugt werden. Die Gesänge der einzelnen Singzikadenarten sind dabei so individuell verschieden, dass sie von Experten sogar zur Arterkennung herangezogen werden können.

Vernimmt dann ein paarungsbereites Weibchen mit seinen am Hinterleib sitzenden Gehörorganen den schnarrenden Minnegesang und ist auch in der Lage, den Bewerber einwandfrei zu lokalisieren, fliegt es schnurstracks zu dem meist auf einem Baum singenden Troubadour. Und dort kommt es dann zu einem Schäferstündchen in luftiger Höhe.

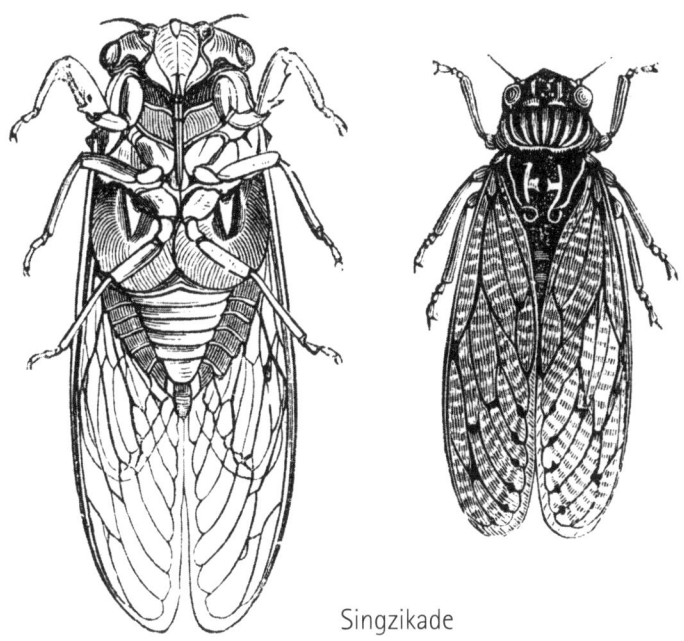

Singzikade

Um noch einmal auf „die stummen Weiber" der Singzikaden zurückzukommen: Die Weibchen einiger weniger Singzikaden sind nicht vollständig stumm, sondern sind durchaus in der Lage, dem gesungenen Antrag eines Bewerbers mit einem kurzen klickartigen „Ja", das durch einen speziellen Flügelschlag produziert wird, ihr Einverständnis zu signalisieren.

Allerdings müssen gleich zwei Voraussetzungen erfüllt sein, damit Zikaden überhaupt mit ihren Werbegesängen beginnen. Die Temperatur muss mindestens 25 Grad Celsius im Schatten betragen und es darf zu keinen Störungen kommen. Nähert sich ein Vogel oder ein Mensch oder beginnt auch nur der Wind etwas stärker zu werden, verstummen die kleinen Insekten sofort.

In einigen asiatischen Ländern haben Singzikaden übrigens schon seit langem einen festen Platz in der traditionellen Medizin errungen. Die getrockneten Larvenhäute der kleinen Krachmacher werden dort – man höre und staune – ausgerechnet gegen Ohrenschmerzen eingesetzt.

Warum Zikaden auf Primzahlen stehen

Im amerikanischen Bundesstaat Tennessee findet alle 17 Jahre ein seltsames Naturschauspiel statt: Millionen von Larven der Zikadenart *Magicicada septendecim* schlüpfen zeitgleich aus ihren Erdverstecken und entwickeln sich innerhalb kürzester Zeit zu erwachsenen Tieren. Und die sind auf den Wiesen Tennessees dicht gedrängt. Bis zu 300 Zikaden pro Quadratmeter sind dann keine Seltenheit. Und das auf einer Fläche von mehreren Hektaren. Anschließend kommt es zu einer Massenpaarung. Die befruchten Weibchen legen innerhalb weniger Tage eine große Anzahl von Eiern, aus denen nach kurzer Zeit Millionen und Abermillionen Larven schlüpfen. Diese verschwinden sofort im Boden, wo sie sich, von uns Menschen unbemerkt, von Pflanzenwurzeln ernähren und erst wieder nach 17 Jahren auftauchen. Dann steht Tennessee die nächste Zikadenmassenvermehrung ins Haus. Erstmalig wurde die, alle 17 Jahre stattfindende Massenvermehrung von den ersten europäischen Siedlern im Jahr 1634 beobachtet. Seither folgten noch 21 weitere Zikadenschwemmen. Mit der nächsten Massenvermehrung wird nach Adam Riese also im Jahr 2025 gerechnet. Ein ähnliches Phänomen ist bei der nahe verwandten Zikadenart *Magicicada tredecim* zu beobachten – nur dass diese, ihr wissenschaftlicher Name verrät es schon, alle 13 Jahre eine Massenvermehrung durchmacht.

Aber wo liegt der Sinn darin, dass sich Zikaden lediglich alle 17 beziehungsweise 13 Jahre paaren? Warum verharren die Zikaden deutlich mehr als ein Jahrzehnt im Boden? Die Wissenschaft ist diesem Geheimnis bereits vor einigen Jahren auf die Spur gekommen. Sowohl bei der Zahl 13 als auch bei der Zahl 17 handelt es sich um Primzahlen – um natürliche Zahlen, die ausschließlich durch sich selbst und durch 1 ganzzahlig teilbar sind. Und da 13 und 17 Primzahlen sind, überschneiden sich die Vermehrungszyklen der Zikaden kaum mit anderen Zyklen. Die Fressfeinde der Zikaden vermehren sich in der Regel im 2-, 4-, 5- oder 6-Jahresrhythmus. Schlüpft ein Fressfeind beispielsweise im 5-Jahresrhythmus, dauert es mindestens 85 Jahre (5 x 17) bis sich die Schlüpfzyklen von Zikaden und Fressfeinden überschneiden. Hätten die Zikaden dagegen einen Schlüpfrhythmus von 15 Jahren, würden sie bei jedem Schlupf auf ihre Fressfeinde treffen. Aus evolutionsbiologischer Sicht gesehen sind daher solche Entwicklungszyklen günstig, die sich durch möglichst wenige Zahlen teilen lassen.

Zikaden lieben Primzahlen.

Summen mit Herz

In einem Ranking der unbeliebtesten Tiere stehen Stechmücken bei uns Menschen ziemlich weit oben. Eine Tatsache, für die zwei Gründe verantwortlich sind: Zum einen können die geflügelten Blutsauger die schönste Sommernacht mit ihren höllisch juckenden Stichen so richtig vermiesen. Stichen, die obendrein auch noch so wenig schön aussehende, rote Quaddeln hinterlassen.

Und zum anderen schaffen es die kleinen Plagegeister regelmäßig, uns auch noch mit ihrem äußerst nervtötenden, schrillen Gesumm um unseren wohlverdienten Schlaf zu bringen. Dieses Summen hat sicherlich schon den einen oder anderen Zeitgenossen nahezu in den Wahnsinn getrieben – wegen der Angst vor dem zu erwartenden Stich und den für unsere Ohren unangenehmen Ton selbst. Das für uns Menschen ungeliebte Geräusch der Miniaturvampire entsteht jedoch keineswegs in Mund oder Kehle der kleinen Insekten, sondern wird im Vorderkörper mithilfe der Flugmuskulatur erzeugt. Die zieht sich beim Flügelschlag zuerst zusammen, um sich anschließend wieder zu entspannen. Und da diese Bewegung, dank einer äußerst schnellen Flügelmuskulatur, in einer blitzartigen Geschwindigkeit vonstattengeht, werden nicht nur die zarten Flügel, sondern auch die umgebende Luft in Schwingungen versetzt. Durch diese Schwingungen entsteht der Summton, der für uns Menschen so überaus unangenehm klingt.

Aber warum summen Stechmücken überhaupt? Eigentlich wäre doch ein lautloser Flug deutlich vorteilhafter. Mit dem summenden Geräusch verraten die fliegenden Blutsauger ja ihrem potenziellen Opfer ihre genaue Position und bringen sich dadurch in akute Lebensgefahr. Schließlich müssen die ungeliebten Insekten im Fall der Fälle mit dem Einsatz einer Fliegenklatsche durch, im wahrsten Sinne des Wortes, bis aufs Blut gereizte, ziemlich rachsüchtige Menschen rechnen. Das Flügelgesumm stellt also für die Stechmücken eigentlich ein echtes evolutionäres Handicap dar. Auf der anderen Seite erfüllt das summende Geräusch des Flügelschlages bei Stechmücken einen extrem wichtigen, arterhaltenden Zweck. Es dient der Kommunikation in Sachen Sex, genauer gesagt der Paarfindung.

Amerikanische Wissenschaftler haben vor einigen Jahren herausgefunden, dass männliche Stechmücken mit einer signifikant höheren Frequenz summen als ihr weiblicher Gegenpart. Während männliche Stechmücken es pro Sekunde auf 600 Flügelschläge bringen, schaffen die Weibchen lediglich 550 Schläge pro Sekunde und erzeugen deshalb ein deutlich tieferes Summgeräusch als ihre männlichen Verehrer. Vernimmt ein Männchen also mit seinen äußerst empfindlichen Hörorganen, die sich an den Antennen der Tiere befinden, einen tiefen Sound, weiß es sofort, dass sich in seiner näheren Umgebung ein möglicherweise begattungswilliges Weibchen befindet.

Haben sich Männchen und Weibchen einmal gefunden, stimmen die Geschlechtspartner ihre vorher so unterschiedliche Flügelschlagfrequenz harmonisch auf eine gemeinsame Frequenz ab, die bei etwa 1200 Hertz liegt – zumindest bei den als Krankheitsüberträger so gefürchteten Gelbfiebermücken ist das so. Warum es beim Flügelschlag zu dieser Angleichung kommt, ist noch unklar. Vielleicht liebt es sich ja auf einer gemeinsamen Wellenlänge, sprich im Gleichklang, einfach besser.

Die englischen Wissenschaftler haben übrigens auch entdeckt, dass musikalisch vorgebildete Insektenforscher auf Gartenfesten – wenn in lauen Sommernächten dichte Schwärme männlicher Stechmücken über Gebüschen und Zäunen schweben – ein überaus beeindruckendes Schauspiel inszenieren können. Es genügt dann, ein „eingestrichenes C" zu summen oder auf einem Streichinstrument zu spielen und schon setzt sich die gesamte Mückenwolke, wie von Zauberhand gesteuert, in Richtung des Sängers beziehungsweise des Musikanten in Bewegung. Schließlich vermuten die Mückenherren dort irrtümlicherweise ein oder mehrere paarungsbereite Damen.

Möglicherweise lässt sich die Tatsache, dass Stechmückenmännchen potenzielle Sexualpartnerinnen am charakteristischen Summton ihres Flügelschlages identifizieren können, auch bei der Bekämpfung der geflügelten Plagegeister nutzen. Erste Experimente von Wissenschaftlern der Universität Brisbane in diese Richtung waren jedenfalls bereits äußerst vielversprechend. Die australischen Wissenschaftler rüsteten in einem Laborversuch eine klassische Moskitofalle mit einem MP3-Player nebst dazugehörigen Lautsprechern aus und beschallten die nähere Umgebung mit dem Geräusch, das ausschließlich Weibchen der Stechmückenart *Aedes aegyptii* verursachen. Und siehe da, bereits 120 Minuten später waren alle 30 zuvor ausgesetzten *Aedes-aegyptii*-Männchen in der Falle gefangen. In großem Stil angewandt, könnte man

Licht und süßes Blut

Wenn es um die Vorliebe von Moskitos für bestimmte Opfer geht, gibt es bei uns Menschen eindeutig eine Zwei-Klassen-Gesellschaft. Einige Menschen werden von den kleinen Biestern kaum heimgesucht, andere dagegen geradezu „aufgefressen". „Der hat halt süßes Blut", heißt es dann oft, wenn sich die geflügelten Plagegeister wieder mal ein Lieblingsopfer auserkoren haben. Aber davon, dass man moderne Großstadtlegenden immer wiederholt, werden sie auch nicht wahrer. In Sachen „Attraktivität für Stechmücken" spielt der Zuckergehalt unseres Blutes überhaupt keine Rolle: Wenn es darum geht, ein Opfer auszumachen, orientieren sich Stechmücken zunächst am ausgeatmeten Kohlendioxid ihres Opfers. Hält sich dann eine Stechmücke in der näheren Umgebung ihres Opfers auf, spielt bei der Frage, wer häufig und wer nur wenig gestochen wird, der persönliche Körpergeruch eines Menschen die entscheidende Rolle. Und der ist von Mensch zu Mensch bekanntlich ziemlich unterschiedlich. Für diese Unterschiede sind mehrere Faktoren verantwortlich: Der Körpergeruch eines Menschen wird vor allem durch den von ihm abgesonderten Schweiß bestimmt. Aber unser Schweiß wäre ohne die Hautbakterien, die ihn zersetzen, völlig geruchlos. Will heidie mit dieser Methode gefangenen Moskitomännchen mithilfe von radioaktiven Strahlen sterilisieren und die dann befruchtungsunfähigen Stechmückenherren anschließend wieder in die freie Natur entlassen. Dort könnten die nicht zeugungsfähigen Moskitoherren in der vorhandenen Stechmückenpopulation einen großen Schaden anrichten. Denn Moskitoweibchen haben nur einmal im Leben Sex. Und treffen sie bei diesem Akt auf einen sterilen Partner, werden ihre Eier nicht befruchtet und der Nachwuchs bleibt aus. Eine Strategie, die langfristig gesehen zum völligen Aussterben der Population führen könnte.

ßen: Die Zusammensetzung der Hautbakterien prägt den individuellen Schweißgeruch und damit auch die unterschiedliche Attraktivität eines potenziellen Opfers für Stechmücken. So hat man zum Beispiel herausgefunden, dass Personen, die nur wenige verschiedene Arten von Bakterien, aber dafür sehr viele einzelne Individuen dieser Arten auf der Haut haben, für Moskitos wesentlich attraktiver sind als Menschen, die zwar eine große Vielfalt an Bakterienarten, aber deutlich weniger Individuen auf der Haut haben.

Und es gibt noch ein weiteres Gerücht, das nicht totzukriegen ist: Stechmücken seien Lichtfetischisten und Licht ziehe Stechmücken wie ein Magnet unwiderstehlich an. Daher müsse, wer einen ruhigen, stechmückenfreien Schlaf genießen wolle, bei offenem Fenster im Schlafzimmer möglichst schnell das Licht ausschalten. Aber auch dieses Gerücht ist nur eine Legende, die jeglicher wissenschaftlichen Grundlage entbehrt. Das Licht im Schlafzimmer kann durchaus an bleiben. Eine Lichtquelle lockt zwar in der Tat zahlreiche Insekten an, wie zum Beispiel Motten, aber eben keine Stechmücken. Ganz im Gegenteil: Licht verwirrt Stechmücken. Ein kräftiger Lichtstrahl irritiert die kleinen Biester sogar so sehr, dass sie oft nicht oder zumindest deutlich weniger zustechen.

Die Geheimsprache

Um einen „Grammy Award", die wohl höchste internationale Auszeichnung für einen Tonkünstler zu gewinnen, würden die Trompetenkünste eines Elefanten mit Sicherheit nicht ausreichen. Die lautesten Trompetenvirtuosen weltweit sind die Dickhäuter jedoch allemal.

Mit den Trompetentönen wollen die grauen Riesen vor allem Emotionen, wie zum Beispiel Angst oder Aggressivität, anzeigen. Die amerikanische Elefantenforscherin Joyce Poole konnte allerdings bei ihren Studien im kenianischen Amboseli National Park, die sich über immerhin 27 Jahre erstreckten, herausfinden, dass Elefanten kommunikationsmäßig noch deutlich mehr draufhaben. Zur Kommunikation stehen – zumindest afrikanischen Elefanten – noch rund 70 weitere, ganz unterschiedliche Töne zur Verfügung, von denen 10 wiederum eine besonders wichtige Rolle in Sachen Dickhäuterkommunikation spielen. Ist ein Elefant beispielsweise auf einen Artgenossen wütend, zeigt er ihm das mit einem kräftigen Schnauben, das er oft noch etwas mit kehlig klingenden Lauten verstärkt. Artgenossen, die einander wohlgesinnt sind, begrüßen sich dagegen mit einem leisen Schnurren. Und ist ein Elefant mit sich und seiner Umgebung so richtig zufrieden, gibt er zum Zeichen seines Wohlbefindens gern ein tiefes Kollern oder Rumpeln von sich.

Sprachlich gesehen haben Elefanten allerdings noch einen weiteren Pfeil im Köcher. Sie verfügen noch über eine Art Geheimsprache. Nahezu 70 Prozent dessen, was die größten Landsäugetiere der Welt ihren Artgenossen so mitzuteilen haben, spielt sich im sogenannten Infraschallbereich ab. Einem Bereich, der weit unterhalb der menschlichen Hörschwelle liegt. Kann ein Mensch Töne unter 16 Hertz so gut wie nicht mehr wahrnehmen, sind für Elefanten dagegen auch noch Laute um die 10 Hertz leicht zu hören. Hauteinsatzgebiet für den elefantösen Infraschall ist offensichtlich die Suche nach einem Partner. So setzen zum Beispiel Elefantenbullen Infraschall ein, um auch in der weiteren

Umgebung ein Weibchen zur Paarung zu finden. Und wenn der liebeshungrige „Infraschallflirter" Glück hat, antwortet eine auf diese Art und Weise angebaggerte Elefantenkuh dann ebenfalls in der Geheimsprache der Elefanten.

Aber es gibt durchaus auch andere Gelegenheiten, bei denen die Dickhäuter auf Infraschall als Kommunikationsmittel zurückgreifen. Trächtige Elefantenkühe etwa signalisieren ihren Artgenossen, nach Untersuchungen von Wissenschaftlern der Universität von San Diego, etwa zwölf Tage vor der Geburt mit speziellen Infraschalltönen, dass jetzt bald mit einem Baby zu rechnen sei. Untersuchungen zeigen übrigens auch, dass Elefantenkühe wesentlich geschwätziger sind als Elefantenbullen.

Produziert werden die Infraschalllaute tief unten in der Kehle der Elefanten. Allerdings werden die für uns Menschen nicht wahrnehmbaren Töne, nicht, wie lange angenommen, wie bei schnurrenden Katzen durch Muskelkontraktionen erzeugt, sondern wie bei uns Menschen auch mithilfe der Stimmlippen im Kehlkopf.

Um die Infraschalllaute zu verstärken, pressen die Elefanten ihren Rüssel auf den Boden und nutzen ihn dadurch als Überträgermedium. Als erwiesen gilt, dass Elefanten auf eine Entfernung von bis zu zehn Kilometern per „Bodeninfraschall" kommunizieren können. Wissenschaftler konnten mithilfe von Spezialgeräten nachweisen, dass von Elefanten erzeugte Infraschalllaute sogar noch über eine viel größere Entfernung, stolze 50 Kilometer weit, über den Boden verbreitet werden können. Ob sie in dieser Entfernung für die grauen Riesen noch verständlich sind, ist aber nicht bekannt.

Manchmal übertragen Elefanten einige Infraschalllaute auch über die Luft. Allerdings ist Luft als Überträgermedium für Infraschall weit weniger effektiv als der Boden.

Die Infraschalllaute der Elefanten haben es auch lautstärkemäßig in sich: Wissenschaftler konnten nachweisen, dass von Elefanten erzeugte Infraschalllaute eine Lautstärke von bis zu 103 Dezibel erreichen können. Mit dieser Lautintensität stellen

Geheimsprache: Elefanten kommunizieren mit Hilfe von Infraschall.

die grauen Riesen immerhin einen Presslufthammer oder einen Ghettoblaster in den Schatten. Wahrgenommen werden die Infraschalllaute nach neueren Erkenntnissen jedoch nicht etwa mit den zugegebenermaßen großen Ohren der gewaltigen Säuger, sondern erstaunlicherweise mit dem Rüssel und den Füßen. An der Spitze ihres Rüssels besitzen die Dickhäuter sensible Druckrezeptoren, mithilfe derer sie Infraschalllaute wahrnehmen können. Allerdings können die Elefanten mit der Rüsselspitze auf dem Boden zwar den Schall ertasten, aber noch nicht feststellen, aus welcher Richtung er kommt. Und da wiederum kommen die Fußsohlen der Vorderfüße ins Spiel, die ebenfalls Druckrezeptoren besitzen. Mithilfe ihrer beiden Vorderfüße können die gewaltigen Tiere daher recht gut die Schallrichtung ermitteln, ähnlich wie wir Menschen dies mit unseren beiden Ohren schaffen, an denen der Schall auch mit unterschiedlichen Laufzeiten ankommt.

Seit längerer Zeit weiß man auch, dass Infraschall nicht nur von Elefanten und einigen anderen Landtieren, wie etwa Giraffen oder Nilpferden, sondern auch von zahlreichen Walarten als Kommunikationsmittel eingesetzt wird. So nutzen etwa männliche Finnwale – mit einer Länge von bis zu 25 Metern nach dem Blauwal die zweitgrößten Tiere der Erde – Infraschallgesänge, um in den Tiefen der Weltmeere das Herz eines Weibchens zu gewinnen. Dabei sind sie ganz schön laut: Die gewaltigen Meeressäuger bringen es bei ihren Infraschallliedern immerhin auf eine Lautstärke von nahezu 190 Dezibel und verfügen damit über eine Schallenergie, die der eines startenden Space-Shuttles nahekommt. Und auch in Sachen „Infraschall-Reichweite" liegen Finnwale im Vergleich zu den Landtierarten weit vorn. Wasser leitet Schall etwa fünfmal schneller als Luft. Kein Wunder also, dass ein männlicher Finnwal eine Finnwaldame in 1000 Kilometer Entfernung und mehr anbaggern kann. Einige Wissenschaftler vermuten sogar, dass ein männlicher Finnwal im Indischen Ozean per Infraschall bequem die Aufmerksamkeit eines Finnwalweibchens im Pazifik erregen kann. Für die Finnwale ist diese spezielle Art der Kommunikation überlebensnotwendig, da sich die Tiere nicht wie andere Wale an speziellen Orten zur Paarung versammeln.

Die Wale nutzen übrigens, um ihren Infraschall-Gesängen auch die richtige „Durchschlagskraft" zu verleihen, eine Art natürlichen Lautsprecher oder, besser gesagt, natürlichen „Geräuschtunnel". Zwischen rund 600 und 1200 Metern Wassertiefe verläuft eine deutliche Grenze zwischen zwei unterschiedlichen Wasserschichten, da sich hier wichtige Parameter wie Druck, Temperatur und Salzgehalt sprunghaft ändern. Will heißen, hier existiert ein Tunnel, einige Wissenschaftler sprechen sogar von einer Art „Telefonkabel", in dem Geräusche besonders schnell weitergeleitet werden.

Allerdings haben die Giganten der Meere mittlerweile immer mehr Probleme damit, von potenziellen Partnern überhaupt gehört zu werden. Eine Tatsache, die mit der zunehmenden Lärmverschmutzung der Meere zusammenhängt. Der Lärm, den Schiffsmotoren, Windparks auf offener See oder etwa die Sonarimpulse von U-Booten und Bojen verursachen, hat sich in jedem der vergangenen Jahrzehnte nahezu verdoppelt. Dazu kommt in jüngster Zeit auch noch der enorme Lärm, den sogenannte Air-Guns erzeugen, Unterwasserknallgeräte, die durch den hohen Druck zusammengepresster Luft Schallwellen erzeugen und von Meeresgeologen verstärkt zur Erkundung des Meeresbodens bei der Erdölsuche eingesetzt werden.

All diese Geräusche behindern die Kommunikation von Finnwalen und anderen Walarten ganz massiv. Und das kann für Arten wie den Finnwal existenzbedrohend werden. Schließlich sind es vor allem die Infaschall-Liebeslieder der Walbullen, die es immer schwerer haben, durch den „Ozean-Smog" zum Ziel ihrer Begierde, den paarungsbereiten Weibchen, vorzudringen.

Erschwerend kommt noch hinzu, dass Wale oft unglücklicherweise die Gewässer als Aufenthaltsort bevorzugen, in denen wir Menschen besonders viel Lärm veranstalten. Die marine Lärmverschmutzung ist in einigen Gegenden mittlerweile so stark ge-

Schwerhörige Wale

Der zunehmende Schiffslärm in unseren Meeren stört nicht nur erheblich die Kommunikation einiger Walarten, sondern wird immer mehr zu einer lebensgefährlichen Bedrohung für die gewaltigen Meeressäuger. Spanische Wissenschaftler haben vor einiger Zeit herausgefunden, dass Schiffslärm massive Gehörschädigungen bei Walen und Delfinen auslösen kann. Diese Gehörschädigungen haben mittlerweile dazu geführt, dass es immer mehr schwerhörige Wale gibt, die aufgrund dieses körperlichen Handicaps immer wieder in dicht befahrenen Seewegen mit Schiffen kollidieren. Das hat meist tödliche Folgen für die Meeressäuger. Besonders eklatant ist die Situation im Seegebiet um beziehungsweise zwischen den Kanarischen Inseln: Hier leben das ganze Jahr über weibliche Pottwalgruppen mit ihren Jungtieren. Gibt es hier doch besonders viel ihrer Lieblingsnahrung zu fressen: Tintenfische. Aber hier kreuzen allein zwischen den Häfen Las Palmas auf Gran Canaria und Santa Cruz auf Teneriffa täglich etwa 100 große Schiffe, wie Fähren, Frachter und Tanker. Da bleiben Kollisionen zwischen Schiff und schwerhörigen Pottwalen nicht aus. Die Todesursache ist auch anatomisch gesehen erwiesen: Forscher der Harvard University fanden heraus, dass die Ohren der auf diese Weise ums Leben gekommenen Pottwale schwer geschädigt waren. Die Tiere konnten die herannahenden Schiffe schlichtweg nicht mehr hören.

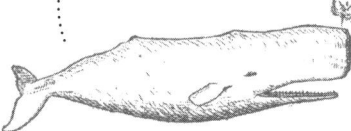

worden, dass einige Walarten wie die Buckelwale sich gezwungen sehen, auf andere, deutlich primitivere Kommunikationsmöglichkeiten auszuweichen: Sie schlagen mit ihren gewaltigen Brust- und Schwanzflächen auf die Wasseroberfläche, um dadurch die Aufmerksamkeit ihrer Artgenossen zu erhalten.

Walkot und der 11. September

In der Bay of Fundy, einer kanadischen Meeresbucht, in der reger Schiffsverkehr herrscht, sammeln kanadische Wissenschaftler schon seit vielen Jahren routinemäßig den Kot von Glattwalen, um über die im Kot enthaltenen Abbauprodukte von Stresshormonen, wie etwa Kortison, Hinweise auf den aktuellen Gesundheitszustand der Meeressäuger zu erhalten. In den Tagen nach den Anschlägen vom 11. September fuhren in der Bucht aber lediglich drei Schiffe. Normalerweise ist der Schiffsverkehr jedoch deutlich höher. Parallel durchgeführte akustische Analysen zeigten eine Abnahme des „Meereslärms" um immerhin sechs Dezibel. Diese Tatsache schlug sich auch in den Walkotproben nieder, die die Forscher in dieser Zeit sammelten. Die Kotproben wiesen sehr viel weniger Abbauprodukte von Stresshormonen auf als die Proben aus den Tagen vor dem Anschlag. Nach Ansicht der Forscher ist dies ein klarer Beweis dafür, dass Wale vom Schiffslärm gestresst werden. Zum Aufspüren des Walkots werden übrigens keine Taucher eingesetzt, sondern spezielle Spürhunde. Und auch diese Spürhunde müssen nicht tauchen. Glattwale setzen ihren Kot an der Wasseroberfläche ab, wo er etwa eine Stunde treibt, bevor er zerfällt und die Bestandteile auf den Meeresboden sinken. Aus diesem Grund konnten die Wissenschaftler lange Zeit nur selten an die Walstuhlproben herankommen. Das hat sich aber geändert, als man auf die Idee kam, Spürhunde speziell für die Suche nach Walkot auszubilden. In der Praxis sieht das wie folgt aus: Der Spürhund, der Walkot immerhin auf die Distanz von einer Seemeile erschnüffeln kann, steht im Forschungsboot am Bug und zeigt durch Schwanzwedeln an, in welche Richtung die Forscher ihr Boot steuern müssen, um ihrer Beute habhaft zu werden. Einziger Nachteil dieses fabelhaften Systems: Einige Hunde werden leicht seekrank.

Strombotschaften

Eine bisher im Tierreich einzigartige Art der Kommunikation entdeckte ein kanadisch amerikanisches Forscherteam vor einigen Jahren beim Elefantenrüsselfisch, einem rund 25 Zentimeter großen Fisch, der in den Flüssen und Seen Afrikas zu Hause ist. Diese zu den sogenannten Elektrofischen zählende Fischart steht ähnlich wie der berühmt-berüchtigte Zitterrochen ständig unter Strom. Der Fisch, der seinen Namen seinem stark verlängerten Kinn verdankt, ist in der Lage, mithilfe eines elektrischen Organs im Schwanzstiel körpereigene Ströme zu produzieren, die ihm zur Orientierung im trüben Wasser und zum Nahrungserwerb dienen. Aber der Elefantenrüsselfisch kann noch deutlich mehr: Mittels der schwachen elektrischen Pulse, die sein Elektroorgan aussendet, kann der kleine Fisch auch mit Artgenossen kommunizieren. Er versendet eine Art elektrische Post, die seine Artgenossen beispielsweise über seinen sozialen Status, sein gegenwärtiges Territorialverhalten und vor allem über seine amourösen Absichten informiert. Will heißen: Elefantenrüsselfische flirten mit elektrischen Liebesliedern. Beim Elefantenrüsselfisch gewinnt das Wort E-Mail eine völlig neue Bedeutung.

Mit fremder Zunge

Die Beherrschung einer Fremdsprache ist für uns Menschen in vielen Berufszweigen unabdingbar und gilt in vielen Branchen sogar als Schlüsselqualifikation. Aber wie sieht das im Tierreich aus? Kann eine Tierart die Sprache einer anderen Art erlernen? Und wenn ja, welchen Vorteil hätte sie von dieser Fähigkeit?

Offensichtlich tut sich ausgerechnet unsere nächste Verwandtschaft im Tierreich mit dem Erlernen einer Fremdsprache schwer. Das zeigt eine höchst interessante amerikanische Studie, die 1993 am California Regional Primate Research Center durchgeführt wurde. Um zu erforschen, ob Affen in jungen Jahren eine Fremdsprache erlernen können, ließen die Wissenschaftler einerseits zwei Rhesusaffenbabys von Japanmakkakeneltern aufziehen und gaben andererseits wiederum zwei Japanmakkakenbabys in die Obhut von Rhesusaffeneltern. Beide Arten kommunizieren über sogenannte „Coo"- und „Gruff"-Laute, nutzen diese jedoch in verschiedenen Situationen. Während Makkaken beim Spielen „Coo"-Laute von sich geben, verwenden Rhesusaffen beim Spielen „Gruff"-Laute. Das Ergebnis des Experiments war jedoch eher ernüchternd. Die Wissenschaftler mussten feststellen, dass die Affenkinder auch nach längerer Zeit nicht die Sprache ihrer Adoptiveltern erlernt hatten, sondern weiterhin in der Sprache ihrer eigenen Art kommunizierten. Will heißen: Japanmakkakenkinder gaben beim Spielen mit Rhesusaffenkindern weiterhin „Coo"-Laute von sich, während die adoptierten Rhesusaffenkinder weiterhin bei ihren „Gruff"-Lauten blieben.

Allerdings hatten die vertauschten Affenkinder trotz ihrer Sprachprobleme keine Kommunikationsprobleme. Die Adoptiveltern hatten vielmehr mit der Zeit gelernt, auf die falschen Laute ihrer Zöglinge richtig zu reagieren. Und umgekehrt lernten die Adoptivkinder relativ schnell, angemessen auf die Laute ihrer neuen Familie zu reagieren.

Ganz anders als bei Affen sieht die Situation offensichtlich in der Vogelwelt aus. Wer hier multilingual ist, sprich über Fremdsprachenkenntnisse verfügt, kann im Kampf ums tägliche Überleben durchaus die Schnabelspitze vorn haben. Dies gilt zumindest für den Rotstirndornschnabel, einen Sperlingsvogel, der in den Wäldern Australiens zu Hause ist. Dieser Piepmatz, der zu den kleinsten Vögeln Australiens gehört, schützt sein Nest und damit seinen Nachwuchs mit einem raffinierten „Sprachtrick" vor seinem Intimfeind, der Dickschnabel-Würgerkrähe. Dieser körperlich weit überlegene Rabenvogel plündert mit großer Vorliebe regelmäßig die Nester des Rotstirndornschnabels und frisst die Nestlinge des kleinen Sperlingsvogels. Oft vertilgt eine Krähe während einer einzigen Brutsaison mehrere hundert Dornschnabel-Jungvögel. Also greifen die Dornschnabeleltern tief in die Trickkiste, sobald sie sehen, dass sich eine Dickschnabel-Würgerkrähe im Anflug auf das eigene Nest befindet. Sie stoßen einfach gelungene Imitationen von Warnrufen anderer Vogelarten aus. Und zwar Warnrufe, mit denen Vogelarten wie der Australische Sänger, der Pennantsittich oder der Honigfresser ihre Artgenossen vor einem heranfliegenden Habicht warnen.

Der Habicht ist aber wiederum auch ein Fressfeind der Würgerkrähe. Vernimmt die Würgerkrähe also die imitierte „Habichtwarnung", schaut sie sofort zum Himmel, um zu sehen, wo sich ihr gefürchteter Feind befindet. Und genau diesen Zeitraum, in

Der Rotstirndornschnabel ist ein begnadeter Stimmimitator.

dem die Würgerkrähe abgelenkt ist, nutzen die Dornschnäbel, um sich und ihre Küken in einem nahegelegenen Gebüsch in Sicherheit zu bringen. Dadurch, dass die Rotstirndornvögel nie den gleichen imitierten Warnruf ausstoßen, sondern regelmäßig auch die Warnrufe anderer Vogelarten benutzen, kommt es bei den Krähen zu keinem Gewöhnungseffekt. Die sind schon anhand der schieren Vielfalt der Warnungen überzeugt, es nähere sich tatsächlich ein Habicht. Fazit: Umfangreiche Fremdsprachenkenntnisse können durchaus auch Leben retten.

Wirklich sensationell ist jedoch die Tatsache, dass sich artfremde Vögel sogar in einer „Drittsprache" verständigen können. So konnte der Bonner Ornithologe Johannes Kneuthgen bereits 1969 beobachten, dass ein Hänfling, der zusammen mit einem Dompfaff in einer Freilandvoliere gehalten wurde, dort innerhalb kürzester Zeit den Lockruf und Gesang seines Mitbewohners erlernt hatte. Als man dann den Hänfling in eine andere Voliere setzte, in dem sich ein Rotkehlchen befand, dass zufälligerweise zuvor auch Dompfafflieder und -lockrufe erlernt hatte, geschah das Unglaubliche: Hänfling und Rotkehlchen unterhielten sich auf Dompfäffisch! Ließ etwa der Hänfling den Dompfaff-Lockruf ertönen, kam sofort das Rotkehlchen herbei. Und das Ganze funktionierte auch umgekehrt: Auch das Rotkehlchen konnte den Hänfling jederzeit mit Dompfaff-Gezwitscher herbeirufen. Ein bisschen ist das so, als würden sich ein Spanier und ein Deutscher auf Französisch unterhalten.

Zumindest ein Elefant hat es einmal fertiggebracht, eine Fremdsprache zu erlernen. Bei diesem Sprachkünstler handelte es sich um einen afrikanischen Elefantenbullen namens Calimero, der in den 1980er- und 1990er-Jahren in seinem Gehege im Zoo von Rom über 18 Jahre lang mit den beiden asiatischen Elefantenkühen Sofia und Nelly zusammenlebte. Afrikanische und Asiatische Elefanten unterscheiden sich jedoch nicht nur in Äußerlichkeiten, wie Größe, Ohren oder Gestalt des Kopfes, sondern auch in der Sprache. Asiatische Elefanten kommunizieren im Gegensatz zu ihren afrikanischen Vettern nicht mit Brummtönen, sondern durch Zirp- und Zwitscherlaute. Normalerweise ist deshalb eine Verständigung zwischen den beiden Elefantenarten nicht möglich. Calimero, übrigens heute wohl der größte Elefantenbulle Europas, machte damals jedoch aus der Not eine Tugend und erlernte, wohl um kommunikationsmäßig nicht zu vereinsamen, die Zirp- und Zwitschertönen seiner beiden asiatischen Mitbewohnerinnen. Seine eigene afrikanische „Muttersprache" benutzte der riesige Elefantenbulle nach Aussage seiner Pfleger dagegen nur noch in Ausnahmefällen.

Auch Orcas sind in der Lage, sich die Sprache einer fremden Tierart anzueignen. So entdeckte vor einigen Jahren ein britisch-kanadisches Forscherteam einen jungen Killerwal, der perfekt das sogenannte Unter-Wasser-Bellen von Kalifornischen Seelöwen imitieren konnte. Dieses Imitationsverhalten ist nach Ansicht einiger Wissenschaftler wahrscheinlich auf die Tatsache zurückzuführen, dass der Killerwal getrennt von seinem schützenden Familienverband aufgewachsen und dadurch offensichtlich kommunikationsmäßig vereinsamt war. Möglicherweise hat der Orca die fremden Laute aber auch gezielt erlernt, um damit seine Lieblingsspeise, Seelöwen, anzulocken.

Und offensichtlich sind Orcas auch in der Lage, „delfinisch" zu lernen. US-Forscher des Hubbs-Seaworld Research Institute in San Diego konnten bei Orcas, die über mehrere Jahre zusammen mit Großen Tümmlern im gleichen Becken gehalten wurden, beobachten, dass sich das Lautrepertoire der Killerwale immer mehr an das der Delfine anglich. Offenbar war es für die Killerwale wichtig, die Sprache ihrer neuen Sozialpartner zu erlernen. Sonderlich schwer dürfte dies den schwarz-weißen Meeressäugern auch nicht gefallen sein. Besitzen sie doch, ähnlich wie Delfine, ein „Vokabular", das sich aus Klick- und Pfeiftönen sowie sogenannten „gepulsten Rufen" zusammensetzt. Dabei liegt der Schwerpunkt der Delfine, im Gegensatz zu den Orcas, eher auf Klicks und Pfiffen als auf gepulsten Rufen. Unklar ist jedoch noch, ob die Orcas die fremde Sprache nur nachplappern oder wirklich verstehen.

Lastwagen mit Rüssel

Die Wissenschaft ist in der Vergangenheit lange Zeit davon ausgegangen, dass Säugetiere, sieht man einmal von einigen Meeressäugern wie Killerwalen oder Delfinen ab, nicht in der Lage sind, sogenannte „artfremde" Laute zu imitieren. Zu diesem Zeitpunkt kannte die Wissenschaft jedoch noch nicht eine Elefantendame namens Mlaika, die in Kenia, im Tsavo-Nationalpark, in einem Gehege für verwaiste Elefanten zu Hause ist. Die heute 20-jährige Elefantenkuh ahmt allabendlich, kaum ist die Sonne untergegangen, stundenlang die Motorengeräusche eines fahrenden Lastwagens nach. Und diese Imitation ist derart perfekt, dass sogar ausgewiesene Elefantenexperten das elefantöse Gebrumm nicht von einem „echten" Motorengeräusch unterscheiden können. Gelegenheit zum „Einhören" hat die stimmbegabte Elefantendame reichlich: Die Fernstraße von Nairobi nach Mombasa, auf der täglich jede Menge Trucks vorbeidonnern, ist gerade drei Kilometer von ihrem Gehege entfernt. Aber warum Mlaika ausgerechnet Lastwagen imitiert, wird wohl zumindest noch eine Weile ihr Geheimnis bleiben.

Tierisch sächsisch

In vielen deutschen Landesteilen Deutschlands sprechen auch heute noch viele Menschen so, wie ihnen der Schnabel gewachsen ist, in ihrer eigentlichen Muttersprache, dem Dialekt. Und Dialekte gibt es in Deutschland reichlich: In Hamburg wird plattdeutsch gesnackt, in Frankfurt hessisch gebabbelt. In München wird bayerisch gesprochen und in Dresden gesächselt. Oft kommen noch zahllose „Unterdialekte" dazu. Manchmal wird schon im Nachbardorf hörbar anders gesprochen als im eigenen Dorf. Im Tierreich ist das nicht anders. Auch hier wird Dialekt gesprochen. Natürlich nicht bei allen Tierarten, sondern fast ausschließlich bei Arten, die über eine komplexe Sprache verfügen und auch in räumlich unterschiedlichen Gruppierungen leben. Beide Eigenschaften sind nach Ansicht der Wissenschaft Grundvoraussetzung dafür, dass sich ein Dialekt überhaupt herausbilden kann. Dialektsprechende Tiere wurden deshalb vor allem bei diversen Vogelarten, aber auch bei Walen, Delfinen, Elefanten und Affen entdeckt.

Aber wie muss man sich das im Detail vorstellen? Anhand welcher Kriterien sich die Dialekte einer Tierart unterscheiden, kann man sehr gut am Gesang eines unserer häufigsten Singvögel, der Amsel, erklären. So haben Amseln in Hamburg zum Beispiel ein völlig anderes Liedgut als Amseln in München. Die Unterschiede im Gesang in den einzelnen Regionen können dabei in unterschiedlichen Melodien, aber auch Tonarten liegen.

Manchmal fällt ein Dialekt stimmlich deutlich höher oder tiefer aus als der andere, oder die entsprechende Amselpopulation singt einfach schneller oder sogar lauter. Kombiniert man erst einmal diese Unterscheidungsmerkmale, entsteht eine riesige Bandbreite an Variationsmöglichkeiten. Will heißen, es können sich nahezu unendlich viele Dialektvariationen entwickeln.

Ähnliches gilt für die als „Meistersänger der Meere" bekannten Buckelwale, die über die längsten und komplexesten Lieder des Tierreiches verfügen (siehe S. 38 ff.). Die Gesänge der riesigen Meeressäuger können, je nach Population, sehr unterschiedlich ausfallen. So haben die Buckelwale des Nordpazifiks ein völlig anderes Liedgut als die Buckelwale des Südpazifiks. Nach Ansicht von Wissenschaftlern sind die Gesänge manchmal so unterschiedlich wie die Musik von Mozart und die der Rolling Stones. Ein sehr geübter Meeresbiologe kann es ab und an sogar schaffen, einen einzelnen Buckelwal an seinem spezifischen, unverwechselbaren Gesang zu identifizieren.

Aber nicht nur in der Luft und im Wasser, sondern auch an Land, genauer gesagt, in der Welt der Affen wird Dialekt gesprochen. So haben deutsche Wissenschaftler vom Primatenzentrum in Göttingen herausgefunden, dass es auch bei Schopfgibbons durchaus regionale Dialekte gibt. Die rund 60 Zentimeter großen Affen, die ihren Namen dem auffälligen Haarschopf der Männchen verdanken und die in den Regenwäldern Chinas und Südostasien zu Hause sind, stimmen ihre Gesänge aus den im Tierreich üblichen Gründen an: zum einen, um ihr Revier akustisch zu markieren, zum anderen, um einen potenziellen Partner auf sich aufmerksam zu machen. Und ist der erst einmal gefunden, singen Männchen und Weibchen der vom Aussterben bedrohten Primaten gern gemeinsam. Nach Ansicht von Wissenschaftlern stärkt das die Paarbindung. Die größten „Dialekt-Unterschiede" bestehen dabei zwischen den hoch im Norden Vietnams und in China angesiedelten Affen einerseits und den tief im Süden Vietnams und in Laos und Kambodscha lebenden Tieren andererseits, während Affengruppen, die nahe beieinander leben, auch über ein sehr ähnliches Gesangsrepertoire verfügen.

Ein Bayer kann, wenn auch mit Mühe, einen Ostfriesen zumindest einigermaßen verstehen, wenn dieser in seinem heimischen Dialekt spricht. Aber wie sieht es in Sachen Dialektverständnis im Tierreich aus? Können Tiere auch fremde Dialekte verstehen? Bei einigen dialektsprechenden Arten ist das offensichtlich nicht der Fall. Elefanten kommunizieren, wie bereits erwähnt (siehe S. 92), nicht nur mit „normalen" Lauten, sondern bedienen sich – gerade bei der Partnersuche – auch des sogenannten Infraschalls, sprich niederfrequenten Töne unterhalb der menschlichen Hörschwelle. Und auch bei dieser „Geheimsprache" gibt es unterschiedliche Dialekte, wie Wissenschaftler der amerikanischen Stanford University mithilfe eines höchst interessanten Experiments nachweisen konnten: Die amerikanischen Wissenschaftler nahmen zunächst sowohl in Kenia als auch in Namibia die Infraschallwarnrufe auf Band auf, mit denen sich die Dickhäuter gegenseitig vor Löwen warnen. Und diese Warnrufe spielten die Forscher anschließend namibischen Elefanten vor, die gerade dabei waren, an einem Wasserloch ihren Durst zu stillen. Erstaunlicherweise zeigten die derart beschallten Elefanten auf die Warnrufe aus Kenia und Namibia ganz unterschiedliche Reaktionen. Auf die Warnrufe vom Band, die von namibischen Elefanten erzeugt worden waren, reagierten die Elefanten mit deutlichen Anzeichen von Furcht und verließen geradezu panikartig das Wasserloch. Durch das Abspielen der Schallwellen der kenianischen Elefanten ließen sich die grauen Riesen dagegen überhaupt nicht aus der Ruhe bringen. Will heißen: Mit dem „kenianischen" Dialekt konnten die Elefanten aus Namibia überhaupt nichts anfangen.

Dagegen können Orcas mit fremden Dialekten offensichtlich spielend umgehen. Die großen Meeressäuger, die auch unter dem Namen Schwertwal bekannt sind, kommunizieren mit Pfeif- und Grunzlauten, die in unterschiedlichen Gebieten jedoch völlig unterschiedlich strukturiert sind. Was Orcas in Sachen Sprache wirklich alles draufhaben, zeigt das Beispiel eines männlichen Orcas, der früher im Aquarium von Vancouver gelebt hat. Der Schwertwalmann, der von Haus aus zunächst nur den Dialekt seiner eigenen Orcagruppe sprach, ging im Aquarium eine Beziehung mit einer „fremden" Orcadame ein und übernahm, ganz Gentleman, auch den Dialekt seiner neuen Partnerin. Nachdem sein Weibchen jedoch einer Krankheit erlegen und verstorben war, verfiel der nunmehr verwitwete Schwertwal wieder in seinen ursprünglichen Dialekt. Den hatte er offensichtlich nicht vergessen. Sprachlich blieb der Wal jedoch weiterhin sehr flexibel. Als die Aquariumsleitung zwei neue Schwertwale zu ihm ins Becken setzte, hatte er keinerlei Probleme, sich auf den Dialekt seiner neuen Mitbewohner einzustellen.

Apropos Mann-Frau-Beziehung: Wie bereits erwähnt, singen bei Vögeln die Männchen nicht nur, um ihr Revier akustisch zu verteidigen (siehe S. 34), sondern vor allem, um das Herz der einen oder anderen Vogeldame zu erobern. Und in Sachen Dialekt ist da durchaus Nähe erwünscht. Die amerikanische Wissenschaftlerin Elisabeth Derryberry von der Tulane University konnte feststellen, dass Vogelweibchen deutlich positiver auf den Dialekt in der Nachbarschaft befindlicher Männchen reagieren als auf die Klangmuster weiter entfernt lebender Männchen. Zumindest bei einer im Westen der USA lebenden Singvogelart, den sogenannten Dach-Ammern,

Kühe, die in unterschiedlichen Dialekten muhen?

ist das so. Wer im Tierreich also den falschen Dialekt spricht, kann durchaus Probleme mit der Fortpflanzung bekommen.

Aber wo tierischer Dialekt draufsteht, ist noch lange nicht überall tierischer Dialekt drin. 2006 meldete die führende Rundfunkanstalt Großbritanniens, die BBC, britische Kühe würden in den unterschiedlichen Landesteilen des Vereinigten Königreiches in unterschiedlichen Dialekten muhen. Zitiert wurde unter anderem ein Landwirt aus Glastonbury, der sich sicher war, seine Kühe würden „definitiv mit Somerset-Slang" muhen. Es versteht sich von selbst, dass eine solche Meldung von zahlreichen internationalen Medien, darunter auch vielen deutschsprachigen, voller Begeisterung aufgriffen wurde. „Muh-Wirrwarr babylonischen Ausmaßes" vermeldete die Süddeutsche Zeitung und die BILD befürchtete gar ein „Sprach-Chaos auf der Weide".

Dialektsprechende Kühe in England, das hatte schon was. Aber der Hype um die dialektmuhenden Kühe fand kurz darauf ein rasches Ende: Denn es stellte sich heraus, dass die BBC einer PR-Agentur aufgesessen war, die die Aussage eines Linguisten falsch und verkürzt wiedergegen hatte. Oder anders formuliert: Es handelte sich schlicht und einfach um eine Zeitungsente.

Männer müssen schön sein

Im Gegensatz zu uns Menschen sind es im Tierreich nicht die Weibchen, sondern in den allermeisten Fällen die Männchen, die sich durch Schönheit und Pracht, wie etwa ein besonders buntes Federkleid, eine beindruckende Mähne oder ein imposantes Geweih, hervortun. Eine Tatsache, die eindeutig damit zu tun hat, dass im Tierreich zu einem sehr hohen Prozentsatz Damenwahl herrscht: Es sind bei den meisten Tierarten nicht die Männchen, sondern die Weibchen, die sich ihre Geschlechtspartner aussuchen. Und das hat einen guten Grund. Schließlich wollen die Weibchen das Männchen abbekommen, von dem sie glauben, dass es die besten Gene hat. Diese guten Gene soll das Männchen schließlich später einmal an den gemeinsamen Nachwuchs weitergeben. Eine Tatsache, die auch etwas mit dem sogenannten Elterninvestment zu tun hat: In der Regel investieren weibliche Tiere deutlich mehr körpereigene Ressourcen, aber auch Zeit und Energie in den gemeinsamen Nachwuchs als die Männchen. Während sich der Beitrag der Männchen in Sachen Nachwuchs meist auf ein paar winzige Spermien beschränkt, müssen die Weibchen mit deutlich größerem energetischem Aufwand vergleichsweise riesige Eier produzieren oder sich mit einer Schwangerschaft herumplagen. Zudem bleiben das Brutgeschäft und die Aufzucht der Jungen meist auch ausschließlich an den Weibchen hängen. Und da sagt man sich als Weibchen eben, wenn ich schon so viel Mühe und Energie in den Nachwuchs investiere, dann sollte mein Partner doch, aber bitteschön, auch über besonders vielversprechende Gene verfügen. Und in vielen Fällen lassen sich diese guten Gene schon an reinen Äußerlichkeiten festmachen.

Schöne Räder

Geradezu ein Klassiker in Sachen Beeindruckung der Damenwelt durch optische Reize ist das sogenannte Radschlagen des männlichen Pfaus. Pfauenmänner sind, im Gegensatz zu ihren vergleichsweise unauffälligen Weibchen, mit stark verlängerten, prächtig gefärbten Oberschwanzdecken ausgestattet. Oberschwanzdecken, die weit über den Schwanz hinausragen und eine mit grellbunten Augenzeichnungen versehene Schleppe bilden. Diese Schleppe können die Hähne bei der Balz wie ein fächerförmiges Rad ausbreiten und so ihre Deckfedern der staunenden Damenwelt auf bestmögliche Weise präsentieren. Die auffälligen Deckfedern sind für die Weibchen eine Art Indikator für die genetische Fitness des Bewerbers. So zeigt die moderne Verhaltensforschung, je mehr Augen die Schmuckfedern aufweisen und je größer diese Augen sind, desto größer ist der Fortpflanzungserfolg des Männchens. Wie wichtig das Radschlagen für den Fortpflanzungserfolg ist, kann man bereits an der Tatsache erkennen, dass sich schon die männlichen Pfauenküken in dieser Tätigkeit üben und ihre noch kleinen Schwanzfederchen nach oben strecken

Allerdings stecken die Pfauenmänner in einer evolutionären Zwickmühle. Ihr opulenter Schwanzfächer ist zwar für ihren Fortpflanzungserfolg unerlässlich, macht sie aber auch unbeweglicher und damit für einen Fressfeind besser angreifbar. Aber genau dieses Dilemma ist es offensichtlich, dass den Pfauenmann für die Damenwelt so attraktiv macht. Die sagt sich, wenn ein Männchen sich trotz des Risikos, von einem Fressfeind erbeutet zu werden, einen so opulenten Schwanzfächer leisten kann, dann ist es sicherlich besonders lebenstüchtig und ein erstklassiger Bewerber.

Diese Theorie wurde von den beiden israelischen Biologen Amotz und Avishag Zahavi als das sogenannte „Handicap-Prinzip" bezeichnet und beschreibt den Umstand, dass derjenige, der sich ein Handicap (einen Nachteil) leisten kann und dennoch den Wettbewerb mit seinen Konkurrenten erfolgreich übersteht, von seiner Umwelt als besonders lebenstüchtig, potent und insofern – gerade auch unter sexuellen Gesichtspunkten – als sehr attraktiv wahrgenommen wird. Will heißen: Die Weibchen fahren mitnichten nur um der reinen Schönheit willen auf „attraktive Männer" mit vermeintlich nutzlosen männlichen Statussymbolen ab. Dafür ist die erfolgreiche Fortpflanzung dann doch eine viel zu ernste Angelegenheit.

Aber nicht nur eitle Pfauen, sondern auch männliche Fregattvögel bedienen sich optischer Reize, um bei der Damenwelt zu punkten. Die Weibchen dieser in den Subtropen und Tropen beheimateten Meeresvögel stehen ganz offensichtlich auf die leuchtend roten Kehlsäcke der Männchen, die diese während der Balz zu riesigen „Werbe-Ballons" aufblasen können. Und dabei gilt: je größer und leuchtender, desto besser. Die signifikanten Prachtstücke präsentieren die Fregattvogelmänner der staunenden Damenwelt möglichst auf Bäumen oder hohen Büschen. Schließlich soll ihr körpereigener Werbeballon weithin sichtbar sein. Dabei gilt offensichtlich Alter vor Jugend: Die älteren Herren einer Fregattvogelkolonie, die auch mit den eindrucksvollsten Kehlsäcken ausgerüstet sind, beanspruchen wie selbstverständlich stets die besten Sitzplätze. Wenn sich ein Weibchen nähert, legt sich gleich die gesamte Herrenkolonie gewaltig ins Zeug: Da wird wieder und wieder der Kehlsack aufgepumpt, ständig werden die Flügel ausgebreitet und obendrein wird auch noch heftig mit dem Schnabel geklappert. Sozusagen eine echte Multifunktionsanmache, aber sicherlich auch eine ziemlich schweißtreibende Angelegenheit. Ist eine Fregattvogeldame allerdings einmal mit einem Verehrer einig geworden, ist es bei diesem bald vorbei mit seiner Pracht – nach der Eiablage bildet sich der Kehlsack der Männchen auf Normalmaß zurück und auch die schöne rote Farbe muss dann wieder einem eher tristen Orange weichen.

Gesichtsfarben

Was dem Fregattvogel recht ist, ist offensichtlich dem Schmutzgeier, einer kleinen Geierart, die in weiten Teilen Afrikas und Asiens, aber auch im europäischen Mittelmeergebiet zu Hause ist, billig. Bei den geselligen Vögeln, die üblicherweise in kleinen Gruppen leben, ist in Sachen Sex jedoch nicht die Farbe Rot, sondern Gelb Trumpf. Schmutzgeierweibchen bevorzugen bei der Partnerwahl eindeutig Männchen, die sich durch eine leuchtend gelbe Gesichtsfarbe auszeichnen. Je gelber die Gesichtsfarbe ist, desto größer sind die Chancen des Geierherrn, ein Weibchen zu erobern. Unglücklicherweise beruht diese für das Sexualleben der Geier so wichtige Gelbfärbung auf einem Farbstoff namens Lutein, der zu den sogenannten Carotinoiden gehört, die auch für die Färbung von Karotten und Eigelb verantwortlich sind. Lutein können die Geier jedoch nicht selbst synthetisieren. Allerdings ist Lutein reichlich im Dung von großen Huftieren, wie etwa Rindern, Schafen und Ziegen, enthalten. Will sich ein Schmutzgeiermann also so richtig aufhübschen, um bei den Weibchen Eindruck zu schinden, bleibt ihm nur eine – zumindest für uns Menschen – ziemlich unappetitliche Möglichkeit: Er muss reichlich Huftierkot fressen. Das ist auch der Grund, warum der Schmutzgeier in Spanien auch unter dem Namen „Churretero", Dungfresser, bekannt ist.

Den Zusammenhang zwischen Dungkonsum und Gesichtsfarbe konnten spanische Wissenschaftler mit einem einfachen Experiment nachweisen: Die Forscher setzten im Zoo von Sevilla vier Geier auf eine luteinfreie Diät – mit der Folge, dass die knallgelben Schnäbel der Geiermänner innerhalb weniger Wochen völlig verblassten. Als man den derart manipulierten Geierherren wieder ihren gewohnten luteinhaltigen Dung vorsetzte, kehrte die gelbe

Farbe jedoch schnell wieder zurück. Aber warum haben Schmutz-
geiermänner mit leuchtend gelben Gesichtern deutlich bessere
Chancen, von einer geneigten Geierdame als Sexualpartner akzep-
tiert zu werden als Artgenossen, die lediglich über eine blasse Gesichtsfarbe verfügen? So ganz genau kennt die Wissenschaft die
Antwort auf diese Frage noch nicht. Es existiert jedoch eine ebenso
interessante wie ungewöhnliche Hypothese: Offensichtlich handelt
es sich bei den leuchtend gelben Gesichtern der Männchen um
eine Fitnessdemonstration der besonderen Art. Denn der Dung-
verzehr birgt für die Geier ein hohes Risiko, sich mit gefährlichen
Darmparasiten zu infizieren. Und da folgen die Geierweibchen
offensichtlich einer einfachen Logik: Nur mit einer hervorragen-
den Immunabwehr ausgestattete und daher gesunde und kräftige
Männchen können es sich leisten, viel Zeit für das Aufspüren einer
Nahrung zu investieren, die die hohe Gefahr einer Ansteckung mit
Darmparasiten birgt und obendrein auch noch nährstoffarm ist.

Noch ein weiteres ungewöhnliches Verhalten fällt beim
Schmutzgeier, aber auch beim nahe verwandten Bartgeier auf.

Schmutzgeierdamen stehen auf Partner mit leuchtend gelben
Gesichtern.

Beide Vogelarten färben sich regelmäßig das Gefieder an sogenannten „Rotbadestellen" mit eisenoxidhaltigem rotem Schlamm,
wobei Schmutzgeier beim Schlammbad gelblichere Töne als ihre
Verwandtschaft bevorzugen. Beobachtet hatte man dieses Verhalten zunächst bei in Gefangenschaft lebenden Geiern, die eisen-
oxidhaltiges Wasser zur Färbung ihres Gefieders nutzten. Später
wurde diese Gefiederfärbung auch im Freiland, an den bereits
erwähnten Badestellen, beobachtet. Warum sich die Geier ihr
Gefieder mit gelbem respektive rotem Schlamm einschmieren,
konnte bisher noch nicht geklärt werden. Als mögliche Erklärung
für dieses doch etwas obskure Verhalten werden sehr unterschiedliche Erklärungsansätze, wie Verschleißschutz für das Gefieder,
Thermoregulation des Körpers, aber auch eine gewisse visuelle
Signalwirkung auf die eigenen Artgenossen, diskutiert.

Nicht auf gelbe, sondern auf rote Gesichter bei ihren Freiern
stehen dagegen die Weibchen der Kahlkopf-Uakari-Affen. Die un-
behaarten, roten Gesichter der männlichen Affen, die im Dschungel Brasiliens zu Hause sind, dienen den Damen als untrüglicher
Indikator dafür, wie es um die Gesundheit ihrer Freier bestellt ist.
Kranke Männchen, vor allem solche, die sich mit Malaria infi-
ziert haben, zeichnen sich durch blassrosa Gesichter aus. Da kann
ein Weibchen mit einem Blick sicherstellen, dass nur ein gesundes
Männchen als Vater für die Nachkommen infrage kommt.

Was bei Schmutzgeiern und Uakari-Affen die gelbe beziehungsweise die rote Gesichtsfarbe ist, sind bei Rauchschwalben
die Schwanzfedern. Dabei kommt es eindeutig auf die Länge an.
Rauchschwalbenweibchen ziehen Männchen mit langen Schwanzfedern solchen Artgenossen vor, die nur über ein kurzes Schwanzgefieder verfügen. Dies konnte der dänische Biologe Anders Møller vom französischen Nationalen Zentrum für wissenschaftliche
Forschung in Paris mit einem eindrucksvollen Experiment bewei-
sen: Der Wissenschaftler verlängerte bei einer Gruppe von Rauchschwalbenmännchen künstlich die Schwanzfedern. Und siehe da,
die Weibchen bevorzugten bei der Partnerwahl die Männchen
mit den verlängerten Schwanzfedern vor den Schwalbenherren,

die nur ein „normales" Schwanzgefieder aufzuweisen hatten. Bei Männchen, denen man die Schwanzfedern gekürzt hatte, sanken die Chancen, eine Partnerin zu finden, dagegen ins Bodenlose. Møller fand auch den Grund für die Vorliebe der Rauchschwalbenweibchen für Verehrer mit langen Schwanzfedern heraus: Die Schwalbendamen bevorzugen derart ausgestattete Herren nicht etwa aus ästhetischen, sondern aus ganz praktischen Gründen. Denn die Länge der Schwanzfedern korreliert erstaunlicherweise mit dem Milbenbefall der Rauchschwalbenmännchen. Je länger die Schwanzfedern sind, desto geringer ist der Milbenbefall. Und da Milben bei näherem Körperkontakt auch ganz schnell auf den Partner überspringen, bietet die Neigung der Schwalbendamen zu Herren mit längeren Schwanzfedern einen gewissen Schutz vor den blutsaugenden Parasiten. Das kann sich durchaus später auch in größeren Gelegen mit kräftigerem Nachwuchs niederschlagen.

Ehrliche Kriterien bevorzugt

Für die Weibchen im Tierreich ist es bei der Partnerwahl extrem wichtig, dass die Merkmale, anhand derer sie sich für einen Partner entscheiden, tatsächlich auch halten, was sie versprechen, und nicht vorgetäuscht sind. Die Wissenschaft spricht hier von sogenannten „echten" Merkmalen. Klar, dass die Weibchen deshalb nach Merkmalen für Fitness Ausschau halten, die schwer vorzutäuschen sind. Ein Merkmal ist umso schwerer vorzutäuschen, je mehr ein Männchen in dieses Merkmal investieren muss. Ein klassisches Beispiel für ein echtes Merkmal ist das Geweih eines Hirsches. Ein Hirsch muss große Mengen Futter aufnehmen, um ein gewaltiges Geweih auszubilden. Einem schwachen Männchen gelingt das nicht. Will heißen, das Weibchen kann auf das Merkmal „Geweih" vertrauen.

Eierknacker

Schmutzgeier gehören zu den wenigen Vogelarten, die regelmäßig Werkzeuge benutzen – und zwar als Hilfsmittel bei der Nahrungsaufnahme. Neben Dung, Aas, Abfällen und Kleintieren ernähren sich die für uns Menschen so wenig ansprechenden Vögel auch gern von Eiern, die sie anderen

Schmutzgeier beim „Eierknacken".

Vogelarten stehlen. Dummerweise sind Schnabel und Krallen der Eierräuber jedoch zu schwach, um die Eierschalen der meisten Eier zu knacken. Kleinere Eier nehmen die etwa hühnergroßen Vögel deshalb einfach in den Schnabel und werfen sie solange auf den Boden, bis die Schale aufplatzt. Bei der absoluten Lieblingsspeise der kleinen Geier, Straußeneiern, funktioniert diese Technik jedoch nicht. Straußeneier haben nicht nur ein Gewicht von oft mehr als einem Kilogramm, sondern auch eine Schale, die derart hart ist, dass sie von einem Menschen nur mit dem Hammer geöffnet werden kann. Zum Straußeneierschalenknacken setzen Schmutzgeier deshalb auf den Gebrauch von Steinen. Die sammeln die findigen Vögel zunächst in der näheren oder weiteren Umgebung des Straußengeleges, fliegen dann mit ihrer Beute im Schnabel zum Straußennest und schleudern die Steine solange von oben auf die hartschaligen Eier, bis diese Risse bekommen und letztendlich aufplatzen. Höchst interessant hierbei ist: Merken die Schmutzgeier nach mehreren vergeblichen Versuchen, dass die benutzten Steine zu leicht sind, um die Schale zu knacken, greifen sie sofort zielsicher zu einem größeren Kaliber. Nach Aussagen von Experten ist dieses Verhalten sogar Beweis für einen überaus komplexen Werkzeuggebrauch.

Farbsprache

Es gibt tierische Legenden, die sind einfach nicht totzukriegen: zum Beispiel die über die Farbgebung der Chamäleons. Den Reptilien mit der langen Schleuderzunge wird ja bekanntlich nachgesagt, sie könnten sich zur Tarnung locker jedem Hintergrund anpassen. Setzt man sie auf eine blaue Tischdecke – zack, nehmen sie eine blaue Färbung an –, setzt man sie vor eine bundesdeutsche Flagge – zack, erstrahlen die kleinen Reptilien in Schwarz-Rot-Gold. Angeblich ist für ein gestandenes Chamäleon auch eine Blümchentapete kein Problem. Und in der Tat können die meisten Chamäleonarten ihre Farbe schnell wechseln. Dafür sorgt die raffiniert konstruierte Haut des Chamäleons, die aus drei Schichten mit jeweils unterschiedlichen Farbzellen aufgebaut ist. Die oberste Hautschicht enthält Farbzellen, die mit sogenannten Carotinoiden bestückt sind. Carotinoide, die auch, der Name verrät es schon, Karotten zu ihrer Farbe verhelfen, sind auch beim Chamäleon für die Gelb- und Orangetöne verantwortlich. Die darauffolgende Zellschicht der Chamäleonhaut enthält dagegen keine Farbstoffe, sondern besteht stattdessen aus durchsichtigen Kristallen aus Guanin, die in der Lage sind, das einfallende Licht zu brechen. Mithilfe dieser Lichtbrechung können Chamäleons Blautöne erzeugen.

Einen ähnlichen Effekt kennen wir von der „Färbung" des Himmels und des Meeres. Himmel und Meer erscheinen einem Betrachter ebenfalls blau, obwohl sie keinerlei blaue Farbstoffe enthalten. Die Blaufärbung ist ausschließlich der Lichtbrechung geschuldet. Die dritte und zugleich unterste Hautschicht ist wieder mit Farbzellen bestückt, in denen sogenannte Melanine Braun- und Schwarztöne erzeugen. Beim Farbwechsel selbst verändert sich nicht, wie lange vermutet, die Menge, sondern lediglich die Verteilung des Farbstoffes in den entsprechenden Farbzellen.

Will ein Chamäleon schnell erröten, breiten sich blitzschnell die roten und gelben Farbstoffe in der obersten Hautschicht aus. Will das Chamäleon dagegen eine bläuliche Farbe annehmen, ziehen sich die Carotinoide in der obersten Schicht zusammen, sodass die zweite Hautschicht freigelegt wird, die dann mithilfe ihrer Guaninkristalle das einfallende Licht brechen und so für eine Blaufärbung sorgen kann.

Vor Kurzem habe jedoch Schweizer Wissenschaftler herausgefunden, dass es zumindest bei dem in Madagaskar und im Jemen vorkommenden Pantherchamäleon noch eine zweite Art des Farbwechsels gibt. Dabei sind sogenannte Nanostrukuren für den Wechsel der Färbung verantwortlich. Die Haut eines Pantherchamäleons besteht nach Beobachtungen der Schweizer Forscher aus zwei übereinanderliegenden Schichten, die mit sogenannten Iridophoren bestückt sind. Das sind spezielle Zellen, in denen winzige Nanokristalle das einfallende Licht reflektieren und dadurch für einen Farbwechsel sorgen. Auffällig dabei ist, dass diese Miniaturkristalle in der oberen Hautschicht des Chamäleons, die übrigens offensichtlich nur bei den erwachsenen Chamäleonherren vollständig ausgebildet ist, deutlich kleiner als in der unteren Schicht und in Form eines Gitters angeordnet sind. Die jeweilige Farbe des Chamäleons wird dann von diesem über die Abstände zwischen den Kristallen gesteuert. Ist das Chamäleon beispielsweise in einem relaxten Zustand, liegen die Kristalle im Gitter eng beieinander und reflektieren bevorzugt kurzwelliges, blaues Licht.

Da die Farbpigmente in der oberen Hautschicht der Pantherchamäleons überwiegend eine gelbe Färbung haben, sind die Chamäleons im relaxten „Normalzustand" grün gefärbt. Blau und Gelb ergeben ja nach den Gesetzen der Farbenlehre die Farbe Grün. Regt sich der Pantherchamäleonmann dagegen auf, verändern sich die optischen Eigenschaften der oberen Hautschicht, genauer gesagt, die Struktur des Kristallgitters. Die einzelnen Kristalle weichen auseinander und liegen dadurch bis zu 30 Prozent weiter voneinander entfernt als im entspannten Zustand. Durch diese Verschiebung reflektieren die Kristalle jetzt vor allem rotes Licht, was wiederum bedeutet, dass sich die Färbung des Chamäleons von Grün nach Rot verändert.

Die zweite, untere und auch deutlich dickere Hautschicht des Pantherchamäleons ist dagegen wohl nur peripher in den Farb-

Chamäleons kommunizieren per „Farbsprache".

wechsel involviert, erfüllt jedoch eine andere, aber nicht weniger wichtige Aufgabe im Chamäleonleben. Sie sorgt dafür, dass das Chamäleon bei großer Sonneneinstrahlung keinen Hitzschlag erleidet. Der droht den Tieren gerade in der Mittagszeit, wenn die wechselwarmen Reptilien besonders stark der oft erbarmungslos strahlenden Sonne Afrikas ausgesetzt sind. Und auch hier kommen die Nanokristalle ins Spiel. Die sind in den Zellen der tieferen Hautschicht nach Beobachtungen der Wissenschaftler nicht nur deutlich größer, sondern unregelmäßig, man könnte fast sagen, chaotisch angeordnet und nicht in Gitterform. Diese Eigenschaften bewirken offensichtlich, dass die untere Hautschicht vor allem Licht nahe des Infrarotbereichs reflektiert. Das wiederum hat zur Folge, dass sich das Pantherchamäleon deutlich langsamer aufheizt, als dies ohne diese „Spezialschicht" möglich wäre.

Aber zurück zu unserer Ausgangsfrage: Können Chamäleons tatsächlich alle Farben annehmen? Und wenn ja, geht das wirklich soweit, dass sie sogar eine Blümchentapete imitieren können? Nein, das können sie nicht. Zunächst haben nicht alle Chamäleons ein so breit gefächertes Farbrepertoire. Einige der rund 200 bisher bekannten Chamäleonarten haben nur ein vergleichbar kleines Farbspektrum, andere Arten können ihre Farbe überhaupt nicht wechseln. Aber gleich, welche Chamäleonart man vor eine Blümchentapete setzt, sie wird niemals Farbe und Muster dieser Tapete annehmen, auch wenn sie über das breiteste Farbspektrum verfügt. Eine Tatsache, die vor allem damit zusammenhängt, dass viele Arten ihre Körperfarbe nicht aus Gründen der Tarnung ihrer Umgebung anpassen. Wir wissen heute, dass Chamäleons sich hauptsächlich aus zwei ganz anderen Gründen verfärben. Eine Veränderung der Farbe dient bei Chamäleons in erster Linie der innerartlichen Kommunikation. Einige Wissenschaftler sprechen sogar vom Farbwechsel als Sprachersatz. So versuchen zum Beispiel Chamäleonmännchen in der Balz durch einen Wechsel zu grellen und bunten Farben die Aufmerksamkeit von Weibchen zu erringen. Gelbe, rote oder grüne Streifen und Punkte auf der Haut des Verehrers sollen der zukünftigen Dame seines Herzens signalisieren: „Schau her, ich bin das Prächtigste und Beste, was der Markt zu bieten hat." Findet der farbfreudige Freier dann Gnade vor den Augen des Weibchens, antwortet dieses ebenfalls durch eine Farbveränderung. Aber auch die weibliche Farbveränderung will richtig interpretiert sein: Zeigt das Weibchen leuchtende Farben, darf der geneigte Freier das als „Ja" interpretieren. Blasse Farben bedeuten dagegen, dass das Weibchen nicht an einem Schäferstündchen interessiert ist. Und auch ob die Paarung geklappt hat, kann man oft an der Farbe ablesen, denn viele Weibchen zeigen schon kurz nach der Paarung eine typische dunkle Schwangerschaftsfärbung.

Aber Chamäleons können mittels Farbveränderung auch über ihren seelischen und gesundheitlichen Zustand Auskunft geben. So dominieren bei kranken oder sehr gestressten Tieren oft dunkle Farben mit harten Kontrasten. Und last, but not least nutzen die Chamäleonmännchen auch einen Farbwechsel zu grellen Farben, um Rivalen einzuschüchtern. Treffen zwei Männchen der gleichen Art aufeinander, kommt es zu einem regelrechten Farbduell. Den Verlierer bei diesem „Showdown" kann man leicht erkennen: Während das siegreiche Männchen in bunter Pracht erstrahlt, zeigt der Unterlegene seine Rückzugsbereitschaft durch braune oder graue Töne an. Auf diese Weise wird auf elegante Weise unnötiges Blutvergießen vermieden.

Sowohl in Wissenschaftskreisen als auch in Internetforen wurde lange Zeit heftig darüber diskutiert, was mit der Farbgebung eines Chamäleons geschieht, wenn man es in eine Spiegelbox setzt. Verändert sich das Chamäleon dann farblich und wenn ja wie? Eine deutsche Wissenschaftssendung ist dieser Fragestellung vor einiger Zeit einmal nachgegangen und machte die Probe aufs Exempel. Testobjekt war ein fast durchgehend grün gefärbtes männliches Pantherchamäleon, das im „Normalzustand" lediglich an den Flanken einige wenige, winzige braun-orangefarbene Flecken aufwies. Und tatsächlich, kurz nachdem man das Chamäleon in die Spiegelbox gesetzt hatte, veränderte es massiv seine Farbe: Es bekam auf den Flanken leuchtende und breite orange-braun gefärbte Streifen.

Mit ihrer Färbung geben
Chamäleons auch über
ihren seelischen bzw. körperlichen Zustand Auskunft.

Die Erklärung der Wissenschaft für diesen Vorgang ist genauso simpel wie einleuchtend: Nur wenige Tierarten, wie etwa Menschenaffen, Delfine, Elefanten und Rabenvögel, bestehen den sogenannten Spiegeltest, können sich also in einem Spiegel selbst erkennen. Das Chamäleon gehört jedoch nicht zu diesen Tierarten. In der Spiegelbox war das Chamäleon daher einem immensen Konkurrenzdruck ausgesetzt. Musste es in den Spiegeln doch auf einmal unendlich viele vermeintliche Doppelgänger wahrnehmen. Und diese Doppelgänger sah das Chamäleon als lästige Konkurrenten an und hat, um die geballte vermeintliche Konkurrenz einzuschüchtern, mit einem massiven Farbwechsel reagiert.

Allerdings setzen viele Chamäleonarten die Fähigkeit, ihre Farbe zu verändern, auch zur Steuerung ihrer Körpertemperatur ein. Sind am frühen Morgen die Temperaturen noch im Keller, nehmen viele Chamäleons eine dunkle Färbung an. Das hat einen guten Grund: Schließlich heizt sich ein Gegenstand umso schneller auf, je dunkler seine Oberfläche ist, da dann deutlich mehr Sonnenlicht absorbiert wird als bei hellen Farben. Auf diese Weise können die wechselwarmen Tiere am kühlen Morgen schneller aktiv werden. Ist dann die richtige „Betriebstemperatur" erreicht, nimmt das Chamäleon wieder eine helle Farbe an. Dadurch werden die Sonnenstrahlen reflektiert und eine Überhitzung vermieden.

Vor Kurzem hat der Chamäleonfarbwechsel sogar Einzug in die Bionik gehalten. Wissenschaftler der westsächsischen Hochschule Zwickau haben es geschafft, das Prinzip, nach dem ein Chamäleon seine Hautfarbe bei Veränderung der Temperatur wechselt, auch für den technischen Fortschritt nutzbar zu machen. Die Forscher entwickelten temperaturempfindliche Glasfassaden, die ihre Farbe wie ein Chamäleon wechseln, sobald sich die Temperatur ändert. Möglich machen diesen Prozess sogenannte Dehnstoffarbeitselemente – temperaturempfindliche Kolben, die Farbpartikel bei Erwärmung an die Oberfläche drücken. Das Farbenspiel der Fassade wird dadurch ausschließlich von der Temperatur bestimmt. Wenn es warm ist, dominieren kräftige Farben. Je kälter es wird, desto blasser wird die Chamäleonfassade.

Die Superzunge

Es ist nicht weiter verwunderlich, dass das größte Tier der Welt, der Blauwal, auch über die größte und schwerste Zunge der Welt verfügt: Immerhin erreicht die Zunge der gewaltigen Meeressäuger eine Länge von bis zu sechs Metern und ein Gewicht von rund vier Tonnen. Das ist das Gewicht von drei Kleinwagen. Setzt man jedoch die Länge der Zunge in Vergleich zur Körperlänge, liegt das Chamäleon vorn. Die Chamäleonzunge ist, je nach Art, bis zu zweimal so lang wie das Chamäleon selbst – Schwanz inklusive. Aber eine Chamäleonzunge hat deutlich mehr zu bieten als pure Länge: Chamäleons verfügen über eine äußerst kompliziert funktionierende Schleuderzunge, die sie ähnlich einem Gummiband gegen kleine Beutetiere wie Insekten, aber auch größere Opfer wie Vögel und Eidechsen schleudern können. Diese Beutetiere bleiben dann an der Zungenspitze haften. Die Beschleunigung einer Chamäleonzunge, so hat ein amerikanischer Wissenschaftler errechnet, entspricht dem 264-fachen der Gravitation auf der Erde. Wollte man einen Formel-1-Boliden mit einer vergleichbaren Leistung konstruieren, müsste dieser in der Lage sein, von Null auf Hundert in einer Hundertstelsekunde zu beschleunigen. Lange Zeit glaubte man, die Zungenspitze des Chamäleons wäre mit einer Art Klebstoff ausgestattet, der es dem Reptil gestattet, seine Beute sicher festzuhalten. Neuere Erkenntnisse in der Chamäleonforschung zeigen jedoch, dass dem nicht so ist, sondern dass zwei andere Besonderheiten der Zunge für den Klebeeffekt verantwortlich sind: Zum einen kontrahiert sich, kurz bevor die Zunge die Beute berührt, ein bestimmter Muskel an der verdickten Zungenspitze, wodurch ein kegelförmiger Hohlraum entsteht. Durch diese Hohlraumbildung wiederum entsteht ein Sog, der die Beute an die Zunge heransaugt. Zum anderen ist die Zunge mit einem Sekret benetzt, das zwar nicht klebt, aber die Haftungsfläche vergrößert und deswegen dafür sorgt, dass das Chamäleon seine Beute sicher packen kann.

Leuchtende Liebesbotschaften

Wenn Glühwürmchen glühen, dient dies keineswegs dazu, an lauen Sommerabenden eine romantische Stimmung für uns Menschen zu erzeugen, sondern der Fortpflanzung der eigenen Art. Bei den Leuchtsignalen der Glühwürmchen handelt es sich um leuchtende Liebesbotschaften, die der Partnerfindung dienen. Wobei streng biologisch gesehen, der Begriff „Glühwürmchen" gleich doppelt falsch ist, denn zum einen handelt sich bei einem Glühwürmchen keinesfalls um einen Wurm (auch wenn die weiblichen Tiere so aussehen), sondern um einen sogenannten Leuchtkäfer. Zum anderen glüht ein Glühwürmchen auch nicht, sondern erzeugt, ganz im Gegenteil, in speziellen Leuchtorganen mittels eines komplizierten chemischen Prozesses ein kaltes Licht. Von den nahezu 2000 Leuchtkäferarten, die es weltweit gibt, finden wir allerdings nur drei in Deutschland: den großen und den kleinen Leuchtkäfer sowie den Kurzflügel-Leuchtkäfer.

Im Detail hat die Wissenschaft bisher noch nicht erforscht, wie die Leuchtkäfer das mit dem Glühen hinbekommen. Bisher weiß man, dass das Leuchten durch die Reaktion eines Leuchtstoffs namens Luciferin mit einem Enzym namens Luciferase in bestimmten Leuchtorganen der Käfer erzeugt wird. Dieser von Wissenschaftlern als Biolumineszenz bezeichnete Leuchtprozess ist mit einer Lichtausbeute von nahezu 100 Prozent energetisch äußerst günstig – zumindest, wenn man die Lichtausbeute mit der einer handelsüblichen Glühbirne vergleicht. Die bringt es gerade mal auf bescheidene 5 Prozent, während der Rest der Energie als Wärme verlorengeht.

Das durch den „Luziferin-Luziferase-Prozess" erzeugte kalte Licht strahlt zwar nach allen Seiten, wird aber im Leuchtorgan von einer sogenannten Reflektorschicht durch ein transparentes Fenster nach außen geleitet und sorgt so für das charakteristische „Glühen".

Bei einigen Leuchtkäferarten besitzen nur die Weibchen Leuchtorgane, bei anderen Arten können dagegen beide Geschlechter leuchten beziehungsweise blinken. Damit ein Leuchtkäfer nicht etwa bei der falschen Dame landet, unterscheiden sich die verschiedenen Leuchtkäferarten in der Länge und im Rhythmus der Leuchtsignale. Und natürlich flirten Glühwürmchen grundsätzlich nur nachts. Tagsüber würden ihre leuchtenden Liebesbotschaften von den Adressaten ja glatt übersehen werden.

Beim Kleinen Leuchtkäfer, der auch unter dem Namen Johanniswürmchen bekannt ist, läuft die Partnerfindung per Lichtzeichen wie folgt ab: Kaum ist die Dunkelheit angebrochen, starten die kleinen, agilen Leuchtkäfermännchen zu ihren „Wo-ist-ein-Weibchen-Erkundungsflügen". Dabei senden ihre am Bauch liegenden Leuchtorgane nach unten Licht aus, um potenzielle Geschlechtspartnerinnen auf den fliegenden Verehrer aufmerksam zu machen. Die am Boden oder auf Grashalmen sitzenden Weibchen reagieren dann, derart stimuliert, ihrerseits mit Lichtzeichen. Und da die Männchen mit gut funktionierenden Facettenaugen ausgestattet sind, können sie die Leuchtsignale der Weibchen gut ausmachen und deshalb auch punktgenau landen. Paarung und Eiablage finden dann am Boden statt. Beide Partner sterben übrigens nur wenige Tage nach der Paarung. Die Larven der Käfer ernähren sich von Schnecken. Die erwachsenen Leuchtkäfer nehmen dagegen keine Nahrung mehr auf, sondern zehren von den üppigen Fettreserven, die sie sich während der dreijährigen Larvenzeit angefuttert haben.

Die blinkend-leuchtenden Leuchtkäferarten können den Leuchtvorgang durch rasche Veränderung der Sauerstoffzufuhr zu den Leuchtorganen blitzartig ein- und ausschalten, sodass sie in bestimmten arttypischen Intervallen leuchten können.

Die verschiedenen Farbtöne (grün, gelb, blau, rot), in denen die einzelnen Leuchtkäferarten ihre Leuchtsignale präsentieren, sind auf unterschiedliche Luciferinarten zurückzuführen. Allerdings leuchten fast alle Leuchtkäferarten lediglich in einem einzigen Farbton. Aber keine Regel ohne Ausnahme: In Südamerika haben Leuchtkäfer der Familie mit dem wissenschaftlichen Namen „Phengodidae" den volkstümlichen Namen „Railroadworm" (Eisenbahnwurm) verliehen bekommen, da ihre Larven in der Lage sind, ähnlich wie ein Bahnsignal abwechselnd rot und grün zu blinken. Zwei rote Lichter am Kopf sowie je elf grünliche Lichter an der Seite des Körpers machen das Leuchtspektakel möglich. Die Wissenschaft vermutet, dass die „Rot-Grün-Blinkanlage" der Käferlarven zur Abschreckung beziehungsweise zur Verwirrung von Fressfeinden dient.

Wer in Leuchtkäferkreisen besonders hell oder über einen langen Zeitraum leuchtet, verbessert zwar seine Fortpflanzungschancen, spielt allerdings auch mit seinem Leben. Oder wie es ein amerikanischer Glühwürmchenforscher so treffend formulierte: „Für den nächtlichen Leuchtakt begibt sich der Leuchtkäfer stets auf ein dünnes Drahtseil zwischen Sex und Tod." Je heller und je länger ein Leuchtkäfer leuchtet, desto größer ist die Chance, dass ein Fressfeind auf ihn aufmerksam wird. Grund genug für einige Leuchtkäferarten, mit ihren Leuchtsignalen ziemlich sparsam umzugehen.

Die Leuchtkraft der in den Urwäldern Lateinamerikas lebenden Leuchtkäfer ist übrigens deutlich stärker als die unserer heimischen Leuchtkäfer. Eine Tatsache, die von den Ureinwohnern gern zum eigenen Vorteil genutzt wurde. So berichten Historiker, dass sich im 16. Jahrhundert die südamerikanischen Ureinwohner oft drei oder vier Leuchtkäfer mit einem Faden um den Hals oder an den großen Zeh banden, um sich so eine Wegbeleuchtung der besonderen Art zu schaffen. Diese „natürliche" Wegbeleuchtung hat offensichtlich auch den berühmten Forschungsreisenden Alexander von Humboldt inspiriert: Der soll sich angeblich auf einer seiner Südamerika-Expeditionen eine kleine Leselampe gebastelt haben, indem er einen Kürbis aushöhlte, mit Löchern versah und anschließend einige Leuchtkäfer darin einsperrte. In einigen Karibikstaaten dagegen wurden Leuchtkäfer früher zur Zierde des Hauptes eingesetzt: Für das nächtliche Rendezvous steckten dort liebeshungrige Damen Leuchtkäfer in kleine Gazesäckchen und schmückten damit ihr Haar. Ob dieser Käferleuchtschmuck auch Männchen des Homo sapiens angelockt hat, ist nicht überliefert.

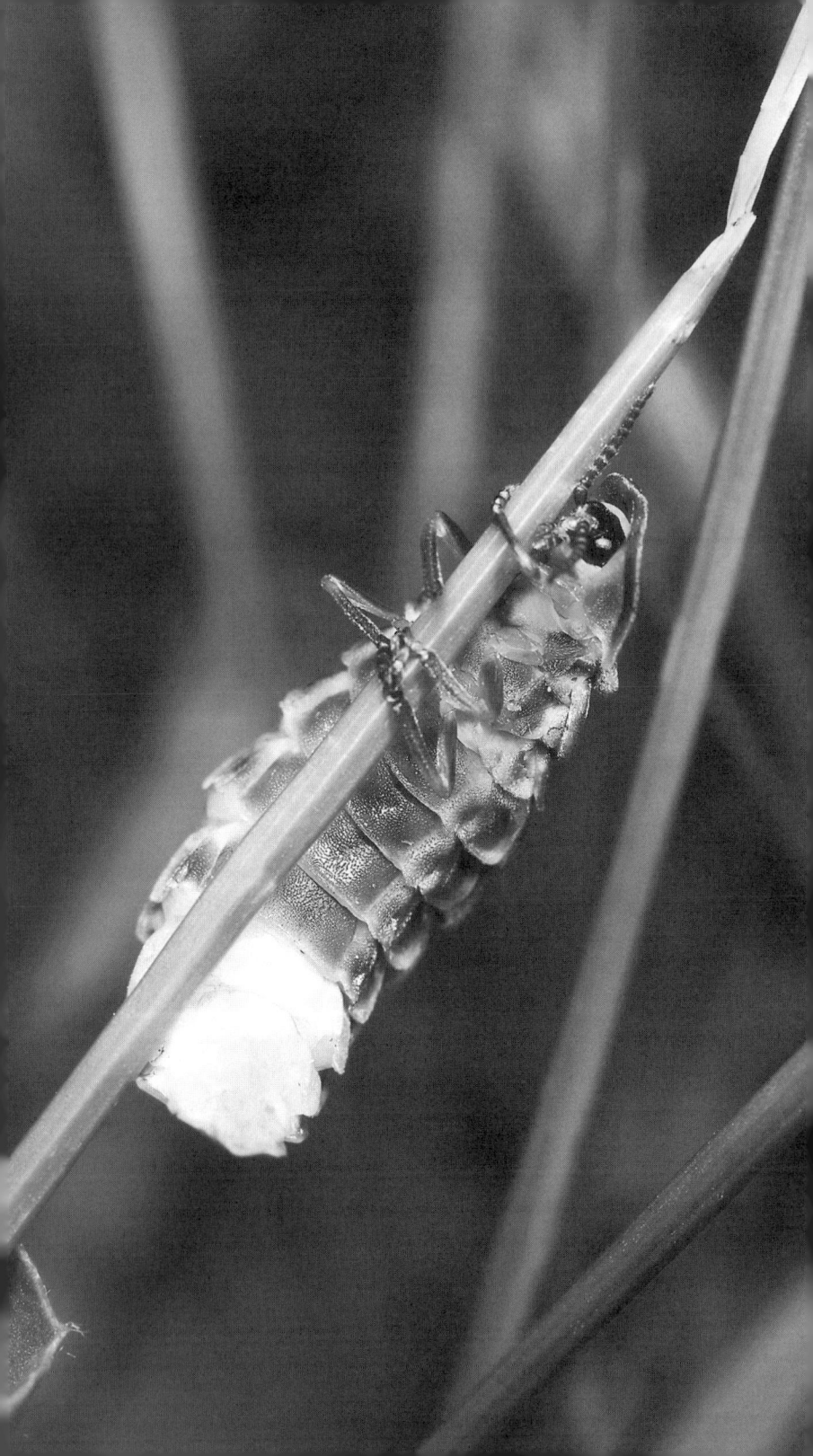

Allerdings darf man auch die Leuchtkraft unserer heimischen Leuchtkäfer nicht unterschätzen – zumindest dann nicht, wenn sie im Kollektiv auftreten. So wurde beispielsweise in einer lauen Sommernacht im Sommer 2010 die Feuerwehr zu einem Großbrand in einem Grazer Innenstadthaus gerufen. Der vermeintliche „Brand" entpuppte sich jedoch als optische Täuschung: Scheinwerfer, die eine Kirche beleuchteten, hatten einen aus vielen Tausend Individuen bestehenden Glühwürmchenschwarm angelockt. Ein Phänomen, das fälschlicherweise von besorgten Bürgern als „Feuer am Dach" eingestuft wurde. So konnte nach Eintreffen der Feuerwehr sofort Entwarnung gegeben werden.

Bei der nordamerikanischen Leuchtkäfergattung *Photuris* dienen die Leuchtsignale nicht nur der Partnerfindung, sondern auch dem Beutefang. Die Weibchen dieser Gattung haben einen besonders fiesen Trick entwickelt, um sich den Bauch vollzuschlagen. Sie imitieren in vollendeter Perfektion die Blinksignale der Weibchen einer anderen Leuchtkäfergattung namens *Photinus*. Fliegt dann ein *Photinus*-Männchen, von den gefälschten Liebessignalen angelockt, arglos zur vermeintlichen Liebhaberin, erlebt es eine böse Überraschung, die fast immer seine letzte ist – denn die Leuchtkäferweibchen können die frisch gelandeten Leuchtkäfermänner mühelos überwältigen. Einige *Photuris*-Arten verfügen sogar über das Lichtsignalrepertoire mehrerer Leuchtkäferarten, das sie gezielt und je nach Bedarf einsetzen können.

Bei einigen tropischen Leuchtkäferarten, vor allem in Malaysia und auf den Philippinen, aber auch bei Leuchtkäfern in den US-Bundesstaaten South Carolina und Tennessee, kann man in der Fortpflanzungszeit der Käfer ein seltsames Phänomen be-

⇐ Glühwürmchen flirten mit ihren Leuchtorganen.

131

obachten: Die Leuchtkäfermännchen passen ihr Blinken an das ihrer Artgenossen an, sodass für den Betrachter ganze Bäume oder oft sogar ganze Wälder im Gleichtakt zu blinken scheinen. Warum die Leuchtkäfer synchron blinken, hat die Wissenschaft bisher noch nicht herausgefunden. Eine mögliche Erklärung könnte sein, dass die Männchen, die ja in Konkurrenz zueinander stehen, alle verzweifelt versuchen, als erstes zu blinken, und dabei unfreiwillig ihr Werbesignal synchronisieren. Untersuchungen amerikanischer Wissenschaftler weisen allerdings eher daraufhin, dass die Glühwürmchenmänner deshalb synchron blinken, weil sie so deutlich leichter für die Weibchen identifizierbar sind als in einem großen Durcheinander aus unterschiedlichen Signalen.

Mittlerweile hat das Glühwürmchen auch Einzug in die Bionik gehalten. Ein internationales Wissenschaftlerteam, bestehend aus kanadischen, belgischen und französischen Forschern, versucht sich gerade daran, die äußere Struktur der Leuchtorgane von Leuchtkäfern nachzubauen. Untersuchungen unter dem Elektronenmikroskop haben gezeigt, dass die geschuppte Oberfläche der Leuchtorgane dafür verantwortlich ist, dass besonders viel Licht aus den Leuchtorganen nach außen gelangt. Damit ist sie in Bezug auf die Leuchtkraft einer handelsüblichen Leuchtdiode weit überlegen. Große Teile des LED-Lichts werden in das Innere der Diode zurückreflektiert und gelangen somit nicht nach außen. Verantwortlich hierfür ist die unterschiedliche Ausbreitung der Lichtwellen innerhalb und außerhalb des Halbleiters. Den Wissenschaftlern ist es vor Kurzem sogar gelungen, eine künstliche Leuchtorganoberfläche herzustellen und als zusätzliche Schicht auf LED aufzutragen. Und siehe da: Mit dem Nachbau ließ sich die Lichtausbeute der LED um bis zu satten 55 Prozent steigern. Dank der gesteigerten Lichtausbeute könnte es in Zukunft wiederum möglich sein, LEDs mit deutlich geringerem Strombedarf zu verwenden und dadurch eine beachtliche Stromersparnis zu erzielen.

Straßenbeleuchtung auf Glühwürmchenart?

Wenn es nach der amerikanische Firma Glowing Plant geht, werden Straßenlaternen bald ausgedient haben. Die künstliche Beleuchtung unserer Straßen soll in naher Zukunft durch leuchtende Pflanzen ersetzt werden. Dazu sollen Leuchtgene aus Glühwürmchen isoliert, modifiziert und anschließend in das Erbgut von Bäumen eingeschleust werden. Unter ökologischen und ökonomischen Gesichtspunkten eine gute Idee, da die Beleuchtung in unseren Städten nahezu genauso viel schädliches Kohlendioxid produziert wie unsere Autos. So ganz neu ist diese Idee allerdings nicht: Bereits in den 1980er-Jahren gelang es Forschern der University of California, eine gentechnisch veränderte Tabakpflanze zum Leuchten zu bringen – allerdings nur, wenn sie mit Luziferin besprüht wurde. 2010 legten dann Wissenschaftler der New York State University nach und erzeugten mithilfe eines Gentransfers eine schwach, aber doch deutlich selbstleuchtende Tabakpflanze.

Für Menschen, die es nicht abwarten können, bis ihre Straße nachts von Bäumen beleuchtet wird, haben die Wissenschaftler von Glowing Plant ein Buch herausgebracht, in dem detailliert beschrieben wird, wie auch ein Laie seine eigene „Leuchtpflanze" zusammenbasteln kann.

Säbelrasseln

Wenn Politiker eines bedrohten Landes gegenüber der Führung eines anderen Landes Stärke demonstrieren wollen und zum Beispiel an der Grenze Panzer auffahren lassen, um dadurch ihre erhöhte Verteidigungsbereitschaft zu demonstrieren, wird das umgangssprachlich gern als „Säbelrasseln" bezeichnet.

Kräftig mit dem Säbel gerasselt wird aber nicht nur bei uns Menschen, sondern auch im Tierreich. Zahlreiche Tierarten greifen zu akustischen, optischen oder anderen Drohgebärden. Da brüllen Löwenmännchen, was das Zeug hält, Katzen stellen sämtliche Haare, Schimpansen fletschen ihre ziemlich beachtlichen Zähne und Nilpferde reißen drohend ihr gewaltiges Maul auf.

Für Drohgebärden im Tierreich gibt es zwei Gründe: Zum einen sollen Fressfeinde oder andere körperlich überlegene Tierarten eingeschüchtert werden und zum anderen geht es mal wieder, fast wie im richtigen Leben, um Macht, Territorien und Frauen. Will heißen: Tiermänner wollen ihre männlichen Artgenossen, die in Konkurrenz zu ihnen stehen, einschüchtern, um aufwendige Kämpfe, die nicht selten mit Blutvergießen enden, zu vermeiden.

Geklapper

Eine der bekanntesten Drohgebärden im Tierreich ist – nomen est omen – das berühmt-berüchtigte Klappern der Klapperschlangen. Eine Verteidigungsstrategie, die allen 29 Arten dieser hochgiftigen Schlangen, die in Nord-, Süd- und Mittelamerika leben, gemeinsam ist. Fühlt sich eine Klapperschlange durch ein körperlich überlegenes Tier oder einen Menschen bedroht, rollt sie sich zunächst zu einem Knäul zusammen und erzeugt mithilfe einer Rassel an ihrer steil aufgestellten Schwanzspitze ein klapperndes Geräusch.

Die Rassel selbst besteht aus lose übereinander greifenden Horngliedern, die gelenkig miteinander verbunden sind. Schüttelt die Klapperschlange diese Hornglieder jetzt mit hoher Geschwindigkeit hin und her, entsteht das bekannte rasselnde Geräusch, das immerhin auf eine Entfernung von bis zu 30 Metern zu hören ist. Unter sehr feuchten Bedingungen, zum Beispiel bei heftigem Regenwetter, funktioniert die Rassel übrigens nicht.

Erstmals Erwähnung fand die Klapperschlangenrassel übrigens bereits 1630. Schon damals berichtete ein puritanischer Geistlicher namens Francis Higginson in seinem Buch „New-Englands Plantation", dass es in den Wäldern Neuenglands seltsame Schlangen gäbe, die „Rasseln in ihren Schwänzen haben, und die nicht vor dem Menschen fliehen wie andere Schlangen, sondern sich auf ihn stürzen und ihn zu Tode beißen".

Ein Warnlaut, mit dem unmissverständlich mitgeteilt werde soll: „Bleib weg oder Du hast mit einem tödlichen Giftbiss zu rechnen." Eine Warnung, die sich vor allem im Umgang mit großen Huftieren, wie etwa Rindern oder Bisons, die eine Klapperschlange durchaus unbeabsichtigt zertreten können, als sehr effektiv erweist. Hört beispielsweise ein Bison das Geräusch einer Klapperschlangenrassel, sucht er sofort das Weite.

Für einen Menschen kann ein Klapperschlangenbiss durchaus dramatische Folgen haben. Zunächst kommt es zu starken Schmerzen sowie zu starken Blutungen und Schwellungen. Oft wird auch das Gewebe im Bissbereich zerstört. Ein Biss kann auch zu Lähmungen von Armen und Beinen führen. Ist die Atemmuskulatur von diesen Lähmungen betroffen, kann dies zum Tod führen.

Wird man von einer Texasklapperschlange, der giftigsten Schlange der USA, gebissen, ist eine sofortige Behandlung mit einem Gegengift zwingend notwendig. Diese Antiseren sind auch in den meisten Arztpraxen im Verbreitungsgebiet der Texasklapperschlange vorhanden, denn ohne adäquate Behandlung liegt die Überlebenschance nach einem Biss bei weniger als 20 Prozent.

Eine andere Giftschlange, die Brillenschlange, setzt dagegen gleich auf einen ganzen Strauß von Drohgebärden, wenn es darum geht, einen Gegner einzuschüchtern. Und dieser Strauß hat es wirklich in sich: Wenn eine gereizte Brillenschlange ihre typische Drohhaltung einnimmt, dann kann einem schon das Blut in den Adern gefrieren. Die bis zu knapp zwei Meter lange Giftnatter, die zur Familie der echten Kobras gehört, hebt zunächst zischend und fauchend ihren Vorderkörper – und das oft bis auf Augenhöhe ihres Gegners. Dabei spreizt sie ihr Nackenschild, um für ihre Feinde größer zu erscheinen. Der Kopf ist dabei stets zum blitzschnellen Giftangriff bereit. Und wer dann immer noch nicht begriffen hat, dass es jetzt eigentlich besser wäre, den Rückzug anzutreten, macht mit den langen Giftzähnen der Brillenschlange und ihrem sehr wirksamen Nervengift Bekanntschaft. Und das kann tödlich enden.

Über ein besonders reichhaltiges Repertoire an Drohgebärden verfügen auch Stachelschweine. Fühlt sich ein Stachelschwein von einem Raubtier oder einem Menschen bedroht, richtet es zunächst einmal drohend seine Stacheln auf, wodurch sich der Umfang des Tieres nahezu verdoppelt. Zusätzlich stampft es wütend mit den Füßen, knirscht mit den Zähnen, faucht und knurrt bedrohlich. Und als ob das nicht genügen würde, rasselt es auch noch heftig mit seinen bis zu 40 Zentimeter langen Schwanzstacheln. Denn an der Schwanzspitze sind einige Stacheln, bei denen es sich übrigens um umgewandelte Haare handelt, innen hohl. Werden diese kräftig geschüttelt, entsteht ein rasselndes Geräusch. Eine Eigenschaft, die diesen Spezialstacheln in Zoologenkreisen auch den Namen „Rasselbecher" eingetragen hat.

Ist dann ein Fressfeind oder ein anderer Störenfried von dieser geballten Macht an Drohgebärden immer noch nicht gebührend beeindruckt, machen die Stachelschweine Ernst. Die für ihre Körperfülle recht flinken Tiere drehen dem Feind blitzschnell ihr stachelbewehrtes Hinterteil zu, rennen rückwärts mit einer geradezu affenartigen Geschwindigkeit auf ihren Gegner zu und rammen ihn mit ihren langen Hinterleibsstacheln. Bei dieser Attacke dringen dann meist einige der spitzen Stacheln tief ins Fleisch ihres Opfers ein. Und das kann übel enden: Stachelschweinstacheln sind zwar nicht giftig, können jedoch schmerzhafte Entzündungen hervorrufen, die dem derart malträtierten Gegner oft noch lange zu schaffen machen. Entgegen sich hartnäckig haltenden Gerüchten sind Stachelschweine allerdings nicht in der Lage, ihre Stacheln wie Pfeile auf einen möglichen Gegner abzuschießen.

Stachelschweine verfügen über ein ganzes Sammelsurium von Drohgebärden.

Das Klapperschlangen-Roundup

Eigentlich ist Sweetwater, eine 10 000-Seelen-Gemeinde im US-Bundesstaat Texas, ein ziemlich verschlafenes Nest – aber nicht am zweiten Märzwochenende. Dann sind hier im wahrsten Sinne des Wortes die Klapperschlangen los: In Sweetwater findet das weltweit größte Rattlesnake-Roundup, das Zusammentreiben von Klapperschlangen, statt. Ursprünglich jagten die Einwohner von Sweetwater die in den USA äußerst unbeliebten Tiere lediglich in einer konzertierten Aktion, um das Gebiet rund um die Stadt „klapperschlangenfrei" zu halten und so die Gefahr für Mensch und Nutztiere zu minimieren. Die Beute dieser Roundups konnte sich stets sehen lassen: Seit 1958 wurden Klapperschlangen mit einem Gesamtgewicht von immerhin über 150 Tonnen zusammengetrieben. Allein im Rekordjahr 1982 konnten fast 9 Tonnen der gefürchteten Giftschlangen erbeutet werden. Mittlerweile ist jedoch aus der einstigen „Schädlingsbekämpfung" eine regelrechte Industrie mit angeschlossenem Jahrmarkt entstanden: Zur Belustigung beziehungsweise zum Entsetzen der zahlreich angereisten Zuschauer werden die Klapperschlangen noch vor Ort bei lebendigem Leibe gehäutet. Später werden dann aus der Haut, den Rasseln und den Köpfen Gürtel und andere Souvenirs hergestellt. Und auch kulinarisch ist vorgesorgt: An zahlreichen Ständen wird frittiertes oder auf dem Holzkohlengrill zubereitetes Klapperschlangenfleisch angeboten. Passend dazu gibt es auch einen „Wer-kann-am-meisten-Klapperschlangenfleisch-essen-Wettbewerb". Und am Ende dieses mehr als zweifelhaften Volksvergnügens wird auch noch eine „Miss Klapperschlange" gewählt. Insgesamt werden bei den diversen Roundups in den Vereinigten Staaten jährlich über 500 000 Klapperschlangen getötet. Angeblich muss man dennoch nicht befürchten, dass die Reptilien eines Tages auf der Roten Liste der bedrohten Arten landen. Wissenschaftler der Universität Texas haben berechnet, dass den jährlichen Roundups lediglich ein Prozent der diversen Klapperschlangen-Populationen zum Opfer fällt.

Übrigens: Stachelschweine sind weder mit den Igeln verwandt, die systematisch zur Ordnung der Insektenfresser gehören, noch sind sie näher mit Schweinen verwandt, die zur Ordnung der Paarhufer gehören. Stachelschweine gehören zur Ordnung der Nagetiere. Der Name Stachelschwein wurde den Tieren nur deshalb verliehen, da sie mit ihren doch etwas rundlichen Formen ein bisschen an ein kleines Ferkel erinnern. Stachelschweine sind, fasst man den Begriff etwas weiter, bis auf Australien auf allen Kontinenten vertreten. In Afrika und Asien findet man die sogenannten „Altweltstachelschweine", in Nord- und Südamerika die „Neuweltstachelschweine". Nach Europa wurden Stachelschweine von den alten Römern aus ihren afrikanischen und asiatischen Provinzen importiert, denn bei ihnen galt Stachelschweinbraten als ausgemachte Delikatesse.

Gut geblufft ist halb gewonnen

Manchmal wird in Sachen Drohgebärden aber auch geblufft, was das Zeug hält. Ein Verhalten, das man sehr schön bei den Winkerkrabben beobachten kann. Die Männchen dieser tropischen Krebstiere weisen bekanntermaßen eine anatomische Besonderheit auf: Während die Damen der in der Gezeitenzone lebenden Tiere, wie alle anderen Krabbenarten auch, zwei völlig normale Essscheren besitzen, ist bei den Männchen eine Zange gewaltig vergrößert.

Das monströse Greifgerät, das fast die Hälfte des Körpergewichts ausmacht, dient vor allem der Balz. Durch hefiges Hin-und-Her-Schwenken der Riesenschere sollen in der Paarungszeit willige Weibchen auf den zehnbeinigen Möchtegernfreier aufmerksam gemacht werden. Winkerkrabbenmännchen sind jedoch auch äußerst territorial veranlagt. Treffen beispielsweise zwei rivalisierende Männchen an den Grenzen ihres Territoriums aufeinander, wird der ungeliebte Nachbar zunächst durch heftiges Schwenken der bedrohlich weit geöffneten Superschere eingeschüchtert. Dabei gilt, je größer die Schere, desto größer ist die Kampfkraft des Besitzers einzuschätzen. Männchen mit einer deutlich kleineren Schere treten deshalb oft schon den Rückzug an, bevor es zu einem richtigen Scherengefecht kommt. Findet der Kampf aber statt, kann es durchaus passieren, dass einer der Kombattanten vom Gegner seine Schere abgezwickt bekommt. Kein Problem für die Krabbenmänner, denn die können, dank einer ausgezeichneten Regenerationsfähigkeit, diese Schere wieder nachbilden.

Allerdings bilden einige Krabbenmänner aus ökonomischen Gründen keine vollwertige Schere nach, sondern lediglich ein harmloses „Billigimitat". Die Bildung der Attrappe kostet die Krabben deutlich weniger Energie, als eine neue, voll funktionsfähige Schere auszubilden. Das Imitat sieht zwar genauso beeindruckend aus wie eine „echte" Schere, ist aber dank einer Art „Leichtbauweise" viel zu schwach, um damit noch erfolgreich ein Duell bestehen zu können. Eine Tatsache, die den Besitzer der Billigwaffe nur wenig stört: Schließlich kann man einen Gegner auch mit einer Art Attrappe einschüchtern und Stärke vortäuschen, wo gar keine vorhanden ist. Kommt es dann aber doch zu einem Kampf, dann haben die Scherenhochstapler mit ihrem Imitat allerdings ziemlich schlechte Karten. Ein bisschen ist das mit einem Revolverhelden vergleichbar, bei dem es anstelle eines Colts aus finanziellen Gründen lediglich zu einer Spielzeugpistole gereicht hat.

Übrigens, wo Drohgebärde draufsteht, ist nicht zwangsläufig Drohgebärde drin. Zumindest bei den Dschelada-Pavianen ist das so: Bei dieser Affenart, bei der sich die Männchen einen Harem von mehreren Weibchen halten, kann es durchaus passieren, dass sich ein fremdes Männchen dem Lieblingsweibchen des Paschas nähert, sofort die Oberlippe hochzieht, ja sie sogar über die Nase krempelt. Dazu fletscht es die gewaltigen Zähne, was insgesamt ein wahrhaft furchterregendes Bild abgibt: Bei diesem sogenannten „Lipflip" handelt es sich jedoch keineswegs um eine Drohgebärde. Im Gegenteil – das Männchen möchte gern Charme versprühen und das Weibchen beeindrucken. Eine Geste, die beim „alten" Pascha nur auf wenig Gegenliebe stößt. Der wirft sich dann auch sofort zwischen „seine" Weibchen und den Rivalen und zieht seinerseits Grimassen und fletscht die Zähne. Bei diesem grotesken Grimassenduell siegt dann das Männchen, das die beeindruckendsten Fratzen zieht. Schiedsrichterin ist übrigens die Lieblingsfrau des alten Paschas. Ihr Urteil fällt sie, indem sie sich vor ihrem Favoriten zu Boden wirft.

Klappern gehört übrigens nicht nur bei Klapperschlangen, sondern auch bei Weißstörchen zum Handwerk. Störche kommunizieren bevorzugt durch ein schnelles Aufeinanderschlagen der Schnabelhälften. Eine Kommunikationsart, die wohl eher aus der Not heraus geboren ist, denn die Fähigkeit von Meister Ade-

Auch bei Störchen gehört „Klappern" zum Handwerk.

bar und Artgenossen, mithilfe des Kehlkopfes Laute zu erzeugen, ist dank kaum oder überhaupt nicht vorhandener Muskulatur des Stimmapparates nur schwach ausgeprägt. Kein Wunder also, dass der Weißstorch umgangssprachlich auch als „Klapperstorch" bezeichnet wird. Geklappert wird aus den unterschiedlichsten Anlässen: So soll zum Beispiel durch heftiges Schnabelaneinanderschlagen – oft begleitet durch ein bösartiges Zischen oder Fauchen – Fressfeinden, aber auch Rivalen deutlich signalisiert werden, dass sie besser daran tun, sich von Nest und Nestinhaber fernhalten. Es wird jedoch auch aus freundlicheren Anlässen geklappert, etwa zu Beginn der Balz oder später zur Begrüßung des Partners.

Stachelschweinsex

Wie pflanzen sich eigentlich Stachelschweine fort? Ganz vorsichtig, wie das der alte Witz über die Igel behauptet? Wie verhindern Stachelschweine, dass sie sich beim Akt mit all diesen spitzen und gefährlichen Stacheln nicht üble Verletzungen zufügen? Erstaunlicherweise geht es bei Stachelschweinen in Sachen Sex ziemlich heftig zur Sache. Wobei es meistens so ist, dass das Weibchen das Männchen anmacht und nicht umgekehrt, wie das sonst im Tierreich der Fall ist. Und damit sich die Herren der Schöpfung beim Sex nicht an den spitzen Stacheln des Weibchens verletzen, haben sich die – hilfsbereit, wie sie offensichtlich sind – einen wunderbaren Trick ausgedacht: Sie klappen einfach ihren Schwanz, der ziemlich breit und an der Unterseite obendrein auch noch ziemlich weich ist, über die Rückenstacheln und schon hat der Stachelschweinherr eine weiche Unterlage, auf die er sich beim Sex gefahrlos und bequem stützen kann. Übrigens: Stachelschweine gehören zu den wenigen Säugetieren, die in einer monogamen Einehe leben – sprich, sich ein Leben lang treu sind.

Tarnen und Täuschen

Im Tierreich kommt es im Wesentlichen nur auf drei Dinge an: erstens zu fressen, zweitens, bloß nicht selbst gefressen zu werden, und drittens, Sex zu haben, sich fortzupflanzen und damit die eigenen Gene weiterzugeben. Wer dabei Fähigkeiten hat, wie sich gut zu tarnen, sich zu verkleiden oder andere Lebewesen zu täuschen, der ist natürlich beim „Survival of the fittest", beim täglichen Kampf ums Dasein, die entscheidende Nasen- oder Schwanzspitze vorn.

Um nicht gefressen zu werden beziehungsweise um selbst andere Tiere zu erbeuten, setzen Tiere vor allem auf zwei Verkleidungsstrategien, die in der Wissenschaft als Mimese und Mimikry bezeichnet werden.

Ich bin doch nur ein Blatt

Als Mimese bezeichnen Biologen eine Vorgehensweise, bei der ein Tier zur Tarnung, einen Teil seiner Umwelt, etwa einen Stein oder eine Pflanze, derart täuschend ähnlich imitiert, dass seine Fressfeinde es nicht mehr von seiner unmittelbaren Umgebung unterscheiden können. Ein geradezu klassisches Beispiel für eine besonders raffinierte Mimese findet man zum Beispiel bei den sogenannten Wandelnden Blättern. Bei diesen Insekten, die zu

den Stabheuschrecken gehören und in den Wäldern Südasiens zu Hause sind, ist der Name Programm. Um im Regenwald so wenig wie möglich aufzufallen, imitieren Wandelnde Blätter mit ihrem Körper perfekt ein Blatt. Der Körper der bizarren Insekten, der meist grün oder braun und natürlich blattförmig ist, besitzt sogar angedeutete Blattadern und einen Stiel – ganz wie ein richtiges Blatt. „Wandelnde Blätter" ahmen die Blätter jedoch nicht nur durch ihr Äußeres nach, sondern auch in ihrem Verhalten. So verharren die nachtaktiven Tiere tagsüber stundenlang völlig regungslos im Geäst von Bäumen oder Sträuchern. Und um die Illusion perfekt zu machen, beginnen die Tiere bei drohender Gefahr sogar zu schaukeln – so wie ein Blatt, das sich sanft im Wind wiegt.

Keinesfalls weniger erfolgreich geht der Schwalbenschwanz in Sachen Tarnung vor. Genauer gesagt sind es die Raupen dieses Tagfalters, der zu unseren schönsten heimischen Schmetterlingen zählt, die sich für eine ziemlich unappetitliche, aber dennoch zweckmäßige Verkleidung entschieden haben. Frisch geschlüpft sind die Raupen dieses Falters zunächst schwarz gefärbt und haben einen weißen Fleck auf dem Rücken. Mit dieser Färbung sehen die Raupen Vogelkot täuschend ähnlich und sind dadurch vor dem Appetit von Vögeln und anderen Fressfeinden gut geschützt. Wissenschaftler bezeichnen diese Tarnung etwas freundlicher als „Vogelkot-Mimese".

Bei der Mimese erkennt man meist erst auf den zweiten Blick, dass es sich um ein Tier handelt und nicht um eine Pflanze oder einen leblosen Gegenstand. Ganz anders die Strategie „Mimikry": Hier imitiert eine harmlose Tierart, zum Schutz vor körperlich überlegenen Gegnern, eine giftige, ungenießbare oder besonders wehrhafte andere Tierart. So ahmen die harmlosen Schwebflie-

⇦ Wandelndes Blatt

gen, dank gelb-schwarzer Warntracht, gezielt gefährliche Wespen nach. Nähert sich dann ein Vogel, der in der Vergangenheit vielleicht schon einmal von einer Wespe gestochen wurde, der Schwebfliege, will der Piepmatz diese negative Erfahrung nicht wiederholen und nimmt von einer Attacke auf die Schwebfliege Abstand.

Der Superimitator

Seinen deutschen Namen „Karnevalstintenfisch" hat sich der Mimik-Oktopus redlich verdient. Kann doch dieser mit Sicherheit beste Verkleidungskünstler im Tierreich – durch Farb- und Formveränderungen – mit Leichtigkeit gleich 15 unterschiedliche gefährliche Meerestiere perfekt imitieren. Eine Seeschlange, ein Stachelrochen, eine Giftschnecke oder ein Rotfeuerfisch? Für den rund 60 Zentimeter großen Kraken, der in den Gewässern Südostasiens zu Hause ist, alles kein Problem. Der erst im Jahr 2002 entdeckte Krake ist allerdings auch auf seine Kunst als Imitator gefährlicher Tierarten dringend angewiesen. In seinen bevorzugten Lebensräumen, flachen sandigen Küsten, existieren kaum Verstecke, in die er sich zum Schutz vor Fressfeinden, etwa Raubfischen oder Delfinen, zurückziehen kann. Und so hat der Mimik-Oktopus im Lauf der Jahre gelernt, auf unterschiedliche Bedrohungen individuell zu reagieren. Wird der kleine achtarmige Verkleidungskünstler zum Beispiel von einem Riffbarsch bedroht, imitiert er einfach eine Gebänderte Seeschlange, denn die frisst selbst für ihr Leben gern Riffbarsche. Dazu imitiert das clevere Weichtier, dank schnell reagierender, spezieller Farbzellen, zunächst die schwarz-gelbe „Ringelung" der giftigen Seeschlange. Anschließend vergräbt sich der kleine Tintenfisch im Sand und lässt nur noch zwei Arme aus seinem unterirdischen Versteck herausragen. Mit denen imitiert er, mit großem Blick aufs Detail, die Bewegungen von zwei Seeschlangen. Und da sagt sich jeder Riffbarsch, der einigermaßen bei Verstand ist: „Mein Gott, gleich

Tintenfische sind äußerst wandelbar.

zwei meiner schlimmsten Feinde, da verschwinde ich lieber so schnell wie möglich."

Leider ist jedoch zu befürchten, dass seine überragende Schauspielkunst dem marinen Verwandlungskünstler in naher Zukunft gewaltig zum Nachteil gereichen wird. Als kurz nach seiner Entdeckung die ersten Bilder des tierischen Superimitators über die Bildschirme flimmerten, kam es zu regelrechten Hetzjagden auf den Mimik-Oktopus. Aquazoos, aber auch gut betuchte Hobbyaquarianer auf der ganzen Welt boten zum Teil horrende Summen, um ein Exemplar des außergewöhnlichen Meeresbewohners in ihren Besitz zu bringen. Mimik-Oktopusse sind jedoch sehr selten und ihr Vorkommen ist auf einige wenige Gebiete beschränkt. Naturschützer fordern deshalb, den Fang und den Handel mit Mimik-Oktopussen so schnell wie möglich zu unterbinden und den kleinen Verwandlungskünstler in seinem natürlichen Lebensraum unter Schutz zu stellen. Versuche, den Mimik-Oktopus in Gefangenschaft im Aquarium zu halten, endeten bisher übrigens meist mit dem Tod der Tiere.

Die perfekte Leiche

Wenn auch im Tierreich ein Academy Award, ein Oscar, für die beste schauspielerische Leistung verliehen werden würde, dann würde mit Sicherheit auch die Kubanische Zwergboa zum engsten Favoritenkreis gehören.

Schließlich kann niemand derart hinreißend und mit so viel Hingabe eine Leiche spielen, wie diese gerade rund 80 Zentimeter große Schlange, die – ihr Name verrät es schon – ausschließlich auf der Karibikinsel Kuba und einigen vorgelagerten Inseln vorkommt.

Bei ihrer Schauspielkunst legt die Zwergboa großen Wert aufs Detail: Nähert sich ihr ein körperlich deutlich überlegener Fressfeind, zum Beispiel eine Schleichkatze, rollt sich die kleine, übrigens völlig ungiftige Schlange blitzartig zu einem schlaffen leblosen Knäuel zusammen. Mit dieser Maßnahme will sie ihrem Gegner weismachen, dass sie schon so lange das Zeitliche gesegnet habe, dass bereits die Totenstarre eingetreten sei. Aber damit noch nicht genug: Jetzt lässt die kleine Schlange aus speziellen Drüsen am After eine Flüssigkeit austreten, die stark nach Aas riecht. Durch diese doch etwas seltsame Maßnahme will das clevere Reptil vortäuschen, dass es sogar schon am Verwesen ist. Und last, but not least, als geniales i-Tüpfelchen, lässt die tierische Schauspielerin auch noch durch Erhöhung des Blutdrucks ein paar spezielle Blutäderchen platzen. Dieser Kniff wiederum hat zur Folge, dass die Zwergboa aus Mund und Nase blutet und zudem noch rot unterlaufende Augen bekommt. Sinn und Zweck dieser doch sehr aufwendigen Schauspielerei ist es, körperlich überlegenen, tierischen Gegnern vorzutäuschen, man wäre schon seit langem tot und deshalb ungenießbar. Auch der hungrigste Fressfeind wird es sich schließlich dreimal überlegen, bevor er daran geht, eine betagte Leiche zu verspeisen, bei deren Genuss unangenehme Begleiterscheinungen bis hin zu tödlichen Vergiftungen durch Leichengifte drohen.

Zauberei

Einen regelrechten Zauberakt hat sich der Seehase, eine große Meeresnacktschnecke ausgedacht, wenn es darum geht, Fressfeinde, wie etwa eine hungrige Languste, abzuwehren. Die marine Illusionskünstlerin macht ihren Verfolgern einfach Appetit auf eine Beute, die gar nicht existiert. Bei Gefahr gibt die Nacktschnecke neben einer Wolke aus Tinte auch ein milchiges Sekret ab, das die Aminosäuren Taurin, Histidin und Lysin enthält und dadurch den Sinnesorganen des Räubers einen vermeintlichen Leckerbissen vorgaukelt. Und während der Angreifer der Täuschung erliegt und verzweifelt in der trüben Wolke blind und vergeblich nach Beute sucht, hat der Seehase die nötige Zeit gewonnen, um sich in aller Ruhe in Sicherheit zu bringen. Ein Phänomen, das in der Wissenschaft „Phagomimikry" – Fraßtäuschung – genannt wird.

Meeresnacktschnecke

In Frauenkleidern zum Erfolg

Männliche Riesensepien haben fortpflanzungstechnisch ein großes Problem. Die rund 60 Zentimeter großen Tintenfische treffen sich alljährlich zwischen den Monaten Mai und September
vor der Küste der australischen Stadt Whyalla zu Tausenden und
Abertausenden zur Paarung. So weit so gut. Unglücklicherweise
beträgt jedoch das Verhältnis Männchen zu Weibchen bei diesen
Paarungstreffen etwa 4:1, in manchen Fällen sogar 7:1. Deshalb
haben in der Regel nur die größten und stärksten Männchen
Chancen bei den Damen. Und haben die erst mal ein Weibchen erobert, bewachen sie es eifersüchtig. Tintenfischmänner
von einer etwas schwächlicheren Statur haben normalerweise
keine Chance –aber eben nur normalerweise. Not macht ja bekanntlich erfinderisch und nicht umsonst wird Tintenfischen
nachgesagt, sie seien die intelligentesten Vertreter der sogenannten wirbellosen Tiere. Damit auch sie zu einem Rendezvous mit einer Tintenfischdame kommen können, haben sich
die mickrigen Riesensepienmänner eine geniale Strategie ausgedacht – sie verkleiden sich als Weibchen. Ein Prozedere, das für
ein Tintenfischmännchen relativ einfach ist: Zunächst einmal
verstecken die Tintenfischherren ihren verräterischen, typisch
männlichen Begattungsarm. Als nächsten Schritt müssen die
kleinen Schwindler dann nur noch ihre Färbung von „männ-
lich einfarbig" in „typisch weiblich gesprenkelt" ändern – eine
Aufgabe, die ihnen dank spezieller Farbzellen (siehe S. 118 ff.)
in der Haut geradezu spielend in Sekundenbruchteilen gelingt.
Zusätzlich nehmen die zehnarmigen Betrüger dann noch
eine Art „Eiablege-Stellung" ein, indem sie mithilfe ihrer Ten-
takel die Körperhaltung eines gerade eiablegenden Weibchens
vortäuschen. Auf diese Weise bestens getarnt, schmuggeln sich
die Tintenfisch-Transvestiten an den Bewachern der von ihnen
erwählten Herzdame vorbei, haben kurzen, aber heftigen Sex
mit ihr und verschwinden dann genauso still und leise, wie sie
gekommen sind. Mit dieser Taktik haben sie immerhin bei fast

50 Prozent aller Versuche Erfolg, wie australische Wissenschaftler vor einiger Zeit beobachten konnten. Allerdings hat diese „Ich-verkleide-mich-schnell-mal-als-Weibchen-Strategie" auch einen kleinen, aber manchmal durchaus entscheidenden Nachteil: Die „Transvestitenmännchen" werden von den „Bewachermännchen", die einem Seitensprung durchaus nicht abgeneigt zu sein scheinen, ihrerseits manchmal, um es vorsichtig auszudrücken, ziemlich heftig umworben. Um sich diesen doch wohl in der Regel unerwünschten sexuellen Avancen zu erwehren, müssen sie sich dann schnell wieder durch einen Farbwechsel in ein Männchen zurückverwandeln.

Transvestitenvögel

Das Begehren, ein Weibchen zu erobern und sich fortzupflanzen, ist nicht die einzige Motivation, warum sich Tiermänner als Weibchen verkleiden. So gibt es zum Beispiel bei Rohrweihen, Greifvögeln von der Größe eines Bussards, deutliche Unterschiede im Federkleid zwischen Männchen und Weibchen: Die Männchen haben graue Flügel und Schwanzfedern sowie schwarze Flügelspitzen. Die Weibchen dagegen sind vorwiegend braun gefärbt. Erstaunlicherweise tarnen sich jedoch satte 40 Prozent der Männchen dauerhaft als Weibchen und tragen lebenslang das typisch weibliche braune Federkleid. Das Ganze dient der Aggressionsvermeidung. Die „klassischen" Männchen greifen bei Revierstreitigkeiten die als Weibchen getarnten Männchen deutlich seltener an, als sie das bei „echten" Männchen tun. Was wiederum den getarnten Männchen die Chance gibt, ein eigenes Territorium in enger Nachbarschaft zu einem „echten" Männchen zu besetzen, ohne sich dafür kräftezehrend mit dem männlichen Konkurrenten herumschlagen zu müssen.

Ganz anders sieht es aus, wenn ein Weibchen in das Revier eines verweiblichten Rohrweihenmännchens eindringt: Es wird sofort mit größter Konsequenz attackiert. Das heißt, die getarnten Männchen sehen nicht nur aus wie ein Weibchen, sondern verhalten sich auch so – zumindest wenn es darum geht, das Territorium zu verteidigen.

Eine getürkte Klapperschlange

Im Tierreich gibt es jedoch nicht nur eine optische, sondern auch eine akustische Mimikry. So greift zum Beispiel der Kaninchenkauz, eine nordamerikanische Eulenart, die reichlich untypisch für eine Eule bevorzugt in unterirdischen Höhlen, wie etwa verlassenen Präriehundbauten, haust, zu einem einfachen, aber äußerst wirkungsvollen Trick, wenn es darum geht, einen körperlich überlegenen Gegner in die Flucht zu schlagen. Die kleine Eule imitiert durch heftiges Geklapper mit dem kleinen Schnabel täuschend echt das bedrohliche Klappern einer Klapperschlange.

Und schon suchen Dachse, Kojoten, Wölfe und andere Fressfeinde in Windeseile das Weite. Welches Tier und sei es auch noch so stark, will sich schließlich mit einer tödlichen Giftschlange anlegen. Und nicht nur Tiere fallen auf die akustische Täuschung herein. Auch ausgewiesene Schlangenexperten schaffen es nicht, im Falle des Kaninchenkauzes Original von Fälschung zu unterscheiden.

Aber Kaninchenkäuze haben noch mehr zu bieten als akustische Täuschungsmanöver. Amerikanische Wissenschaftler von der Universität Florida haben beobachtet, dass die kleinen Eulen eine ebenso simple wie raffinierte Strategie entwickelt haben, um ihre absolute Lieblingsspeise, kleine Mistkäfer, zu erbeuten. Die kleinen Käuze ködern die Mistkäfer, indem sie fleißig den Mist von großen Säugetieren sammeln und dann ganz gezielt vor dem Eingang ihrer Wohnhöhlen platzieren. Auf diese Weise haben sie ständig einen reichlich gedeckten Tisch – und das auch noch in unmittelbarer Nähe ihrer Unterkunft. Um einmal einen akustischen Schlangenimitator live zu erleben, muss man jedoch nicht unbedingt über den großen Teich fliegen. Was dem nordamerikanischen Kaninchenkauz recht ist, ist einigen unserer heimischen Meisenarten billig. Die können ganz ausgezeichnet das zischende Geräusch einer Schlange imitieren. Die Meisen setzen diese Art der akustischen Tarnung vor allem dann ein, wenn sie sich in ihrer Baumbruthöhle befinden und daher keine Möglichkeit haben, sich einem Gegner durch Flucht zu entziehen.

Kaninchenkauze leben in Erdhöhlen.

Auch der afrikanische Trauerdrongo, ein kleiner zu den Sperlingsvögeln gehörender Vogel, der im südlichen Afrika zu Hause ist, setzt auf akustische Täuschungsmanöver – und zwar dann, wenn es darum geht, sich ohne allzu viel Aufwand den Bauch vollzuschlagen. Südafrikanische Wissenschaftler konnten in der Kalahari-Wüste beobachten, dass der raffinierte Piepmatz eine perfide Methode entwickelt hat, um Erdmännchen, aber auch anderen tierischen Wüstenbewohnern ihre Nahrung abzuluchsen. Er imitiert perfekt die Alarmrufe seiner Opfer, mit denen diese sich üblicherweise vor herannahenden Greifvögeln oder anderen Fressfeinden, wie etwa Füchsen, warnen. Warnrufe, auf die üblicherweise auch weitere Tierarten reagieren – zum Beispiel Elstern, Drosslinge und andere Vögel. Lassen die Erdmännchen dann, verschreckt über das Nahen eines vermeintlichen Erzfeindes, ihre Nahrung fallen und tauchen blitzartig in ihre unterirdischen Höhlen ab, kann der Trauerdrongo sich in aller Gemütsruhe über die von den kleinen Säugetieren zurückgelassene Beute hermachen. Immerhin rund ein Viertel ihrer Beute erobern Trauerdrongos auf diese Art und Weise. Natürlich funktioniert dieser Trick nicht ewig. Erdmännchen sind schließlich auch nicht auf den Kopf gefallen, durchschauen nach einer Weile die akustische Täuschung des kleinen Vogels und bleiben an der Erdoberfläche. Das wiederum kontert der Trauerdrongo, indem er noch ein bisschen tiefer in seine Trickkiste greift und ein anderes Warnsignal imitiert. Schließlich hat der kleine Sperlingsvogel, nach den Beobachtungen der südafrikanischen Wissenschaftler, die Warnrufe von rund 50 verschiedenen Tierarten in seinem Repertoire. Übrigens verschafft sich der Alarmimitator manchmal auch einen Vorteil gegenüber Artgenossen, die in der Nähe herumlungern. Die fallen ab und zu auch auf die akustische Imitation herein, suchen rasch Schutz in Gesträuch und Bäumen und lassen ihre Beute zurück.

Geruchsverkleidung

Man glaubt es kaum, aber es gibt sogar eine Art Geruchsverkleidung – Biologen bezeichnen das als sogenannte „olfaktorische Mimikry". Eine Art der Verkleidung, die man sehr schön beim Kalifornischen Erdhörnchen beobachten kann. Der Nager steht zu seinem Pech ziemlich weit oben auf dem Speiseplan von Klapperschlangen. Allerdings wissen sich die cleveren Hörnchen gegen den körperlich weit überlegenen und obendrein noch hochgiftigen Gegner mit einem raffinierten Trick zu helfen: Sie kauen die frisch gehäutete Haut einer Klapperschlange gut durch und verteilen die zerkauten Hautstücke anschließend mithilfe ihrer Zunge auf ihrem Fell. Und schon riecht das Erdhörnchen wie eine Klapperschlange. Nähert sich jetzt eine echte Klapperschlange der Wohnhöhle eines derart parfümierten Erdhörnchens, glaubt das Reptil, dass hier kein wohlschmeckendes Beutetier, sondern eine Artgenossin zu Hause ist und sucht lieber das Weite.

Kalifornische Erdhörnchen verkleiden sich oft als Klapperschlange.

Die falsche Königin

Eine echte Königin täuschend echt zu imitieren, das ist bei uns Menschen zuletzt vor fast 14 Jahren Hape Kerkeling gelungen. Legendär war der Auftritt des Erzkomödianten als falsche Königin Beatrix der Niederlande, als er mit blauem Samthut und dicker Mercedes-Benz-Limousine vor dem Schloss Bellevue zum Staatsbesuch beim Bundespräsidenten vorrollte. Falsche Königinnen gibt es aber auch im Tierreich. Und zwar bei einem Schmetterling namens Kreuzenzian-Ameisenbläuling, einem rund vier Zentimeter großen Falter, bei dem sich die Männchen durch leuchtend blaue Farbe ihrer Flügel auszeichnen. Die Weibchen sind dagegen unauffällig grau-braun gefärbt. Der Name Kreuzenzian-Ameisenbläuling verrät aber auch, dass dieser Schmetterling in einer speziellen Beziehung zu einer Pflanze namens Kreuzenzian lebt. Die Raupen des Kreuzenzian-Ameisenbläulings ernähren sich ausschließlich von dieser Pflanze. Der Kreuzenzian-Ameisenbläuling imitiert jedoch keineswegs eine Schmetterlingskönigin (die es sowieso nicht gibt, denn Schmetterlinge haben keine Königinnen), sondern eine Ameisenkönigin. Eine Tatsache, die wiederum mit dem komplizierten Entwicklungszyklus des Falters zusammenhängt. Beim Ameisenbläuling handelt es sich um eine Art sechsbeinigen Kuckuck. Die Larve des Kreuzenzian-Ameisenbläulings lässt sich von den Arbeiterinnen einer Knotenameisenart namens *Myrmica schencki* in ihr Nest mitnehmen und dort von den Ameisen wie eine Ameisenkönigin bedienen. Wissenschaftler sprechen in einem solchen Fall von einem sogenannten Brutparasiten.

Aber warum nehmen die Ameisen die Larven des Kreuzenzian-Ameisenbläulings überhaupt mit ins heimische Nest? Dazu besteht ja eigentlich kein Grund. Italienische Wissenschaftler sind diesem Geheimnis vor einigen Jahren auf die Spur gekommen: Die Ameisen werden von den Larven des Falters auf chemischen Weg dazu überredet. Im Detail sieht das wie folgt aus: Das Weibchen des Kreuzenzian-Ameisenbläulings legt – nomen est omen – seine Eier in die Blüte des Kreuzenzians. Und das hat einen guten Grund: Schlüpfen später die Larven aus den Eiern, haben sie gleich etwas zu futtern – den Fruchtknoten der Blüte. Haben sich die Larven den Bauch zu Genüge vollgeschlagen, lassen sie sich einfach auf den Boden fallen und warten dort auf eine zufällig vorbeikommende Ameise, um von ihr ins Nest mitgenommen zu werden. Ein Vorhaben, das deshalb mit hoher Wahrscheinlichkeit gelingt, weil die Bläulingslarven Pheromone, Geruchshormone, aussenden, die den Ameisen vorspiegeln, sie hätten es mit einer „Ameisenlarve" zu tun, die dringend gerettet und daher in das eigene Nest gebracht werden muss. Im Nest selbst setzen die Larven beziehungsweise auch später die Puppen die Täuschung ihrer unfreiwilligen Gastgeber auf akustischem Weg fort: Sie imitieren die Stimme der Ameisenkönigin, die sich von der Stimme der Ameisenarbeiterinnen deutlich unterscheidet. Und genau diese Töne sind es, die den Bläulingslarven eine Bevorzugung garantieren, eine Sonderbehandlung, die sonst im Ameisenstaat nur die „echte" Königin erfährt. Die Larven werden nur mit der besten Nahrung gefüttert, von speziellen Wächtern bewacht und bei Gefahr bevorzugt in Sicherheit gebracht. Und die Krönung im wahrsten Sinne des Wortes ist: Wenn Nahrungsknappheit im Ameisenstaat herrscht, verfüttern die Ameisenarbeiterinnen sogar die eigenen Larven an die Bläulingslarve, um das Überleben der vermeintlichen Königin zu garantieren. Ihre charakteristischen Geräusche erzeugen Ameisenarbeiterinnen und Königinnen übrigens nicht mit dem Mund, sondern durch einen Vorgang, der in der Biologie allgemein als „Stridulation" bezeichnet wird: Die Larven kratzen mit einem kleinen Stielchen, dem sogenannten Postpetiolus, das sich an der Spitze ihres Hinterleibs befindet, an einer Oberfläche, die sich weiter vorn am Hinterleib befindet. Durch diesen mechanischen Reiz entstehen die charakteristischen Töne.

Die Täuschung gelingt allerdings nur solange, bis aus der Puppe der fertige Schmetterling schlüpft. Der verfügt dann weder über eine chemische Tarnung noch kann er die Geräusche der Königin imitieren. Will heißen, der erwachsene Schmetterling wird von den Ameisen als Feind betrachtet und deshalb auch sofort heftig attackiert. Das wiederum bedeutet für den erwachsenen Schmetterling, dass er so schnell wie möglich den Ameisenbau verlassen muss, um nicht getötet zu werden.

Aber wie reagieren eigentlich die echten Ameisenköniginnen auf ihre vermeintlichen Rivalinnen? Reagieren sie mit Eifersucht, frei nach dem Motto: Es darf nur eine geben? Um dieser Fragestellung auf den Grund zu gehen, führte das englisch-italienische Forscherteam ein höchst interessantes Experiment durch. Die Wissenschaftler legten eine Bläulingslarve im Ameisennest direkt neben eine echte Königin. Und siehe da, die Königin bedrohte die Larve nicht nur mit ihren Mundwerkzeugen, sondern prügelte auch noch ganz massiv mit ihren Antennen auf die vermeintliche Rivalin ein.

Mehr als nur den Namen tanzen

Ein gängiges Klischee, an dem wie bei allen Klischees allerdings ein bisschen etwas Wahres dran ist, lautet: „Das Einzige, was Waldorfschüler während ihrer Schulzeit lernen, ist, ihren Namen zu tanzen". In der Tat wird in Waldorfschulen das Fach Eurythmie unterrichtet, eine vom Begründer der Anthroposophie Rudolf Steiner entwickelte Bewegungskunst. Eine Bewegungskunst, in der laut Duden Gesprochenes, Vokal- und Instrumentalmusik in Ausdrucksbewegungen umgesetzt werden.

Informationen per Tanz weiterzugeben, das ist eine Fähigkeit, die unsere Honigbienen nicht nur schon lange vor der Eröffnung der ersten Waldorfschule beherrscht, sondern auch zu einer beachtlichen Perfektion entwickelt haben. Dies wurde bereits vom berühmten griechischen Philosophen Aristoteles beschrieben. Allerdings gelang es erst über 2000 Jahre später dem deutschen Verhaltensforscher Karl von Frisch, in einer über 26-jährigen Forschungsarbeit die Details und die Bedeutung der „Bienen-Tanzsprache" zu entschlüsseln. Eine Forschungsarbeit, die von Frisch dann 1973 auch den Nobelpreis eingebracht hat.

Der sogenannte „Bienentanz" ist die wahrscheinlich wichtigste Kommunikationsart im Bienenleben. Zeigen doch die sogenannten „Kundschafterbienen" ihren Artgenossinnen mithilfe von bestimmten Tanzbewegungen an, wo genau es reichlich Pollen und Nektar, sprich Nahrung, zu holen gibt. Und das ist eine geradezu überlebenswichtige Information, von der das Wohl des gesamten Bienenstockes abhängen kann. Allerdings ist es auch eine Tätigkeit, die dank diverser Fressfeinde und unwägbarer Umwelteinflüsse mit nicht zu unterschätzenden Gefahren verbunden ist. Deshalb werden im Bienenstaat fast ausschließlich ältere Bienen als Kundschafterinnen eingesetzt. Und das hat einen guten Grund: Kommen diese Bienen, die ohnehin im Herbst ihres Lebens stehen, bei ihrer gefährlichen Kundschaftertätigkeit zu Tode, bleibt der Schaden für das Volk überschaubar.

Kehren die Kundschafterinnen, die etwa fünf Prozent des gesamten Bienenvolkes ausmachen, von einem erfolgreichen „Nahrungserkundungsflug" in den Bienenstock zurück, folgt der

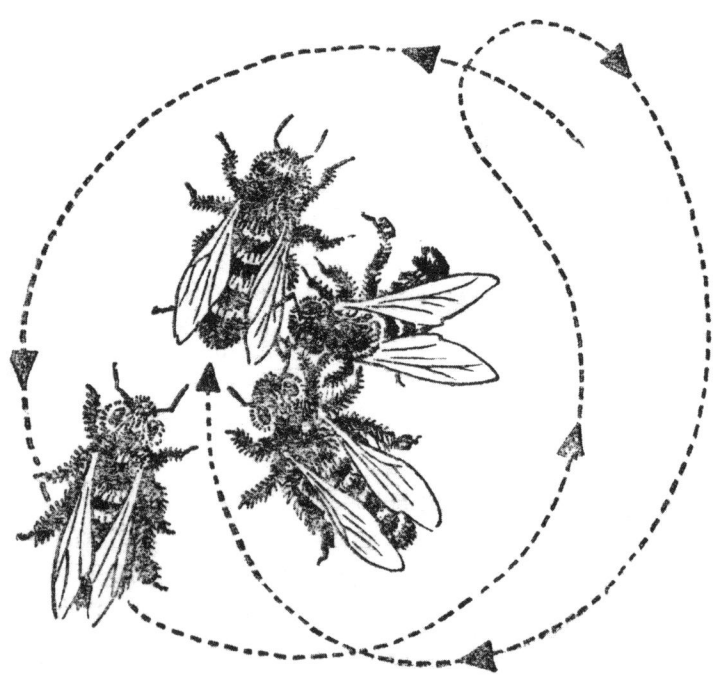

Rundtanz der Bienen

weitere Ablauf einem strengen Prozedere: Die Kundschafterin übergibt zunächst einmal ihre Nektarausbeute an eine sogenannte „Vorkosterbiene". Deren Job ist es zu testen, ob die gesammelte Nahrung den Qualitätsansprüchen, die im Stock herrschen, überhaupt genügt. Ist die Vorkosterbiene mit dem Ergebnis dieses Testes zufrieden, erteilt sie den Kundschafterinnen mittels heftiger Fühlerberührungen die Erlaubnis, den Fundort ihrer Beute den bereits wartenden Sammlerbienen mitzuteilen. Und genau dazu dient der bereits erwähnte Bienentanz, bei dem es zwei unterschiedliche Variationen zu unterscheiden gilt: den Rundtanz und den Schwänzeltanz.

Befindet sich die Nahrungsquelle in der näheren Umgebung des Bienenstockes, signalisiert die Kundschafterbiene ihren Artgenossinnen dies per Rundtanz. Bei diesem Bewegungsmuster, das weit weniger komplex ist als der Schwänzeltanz, läuft die Kundschafterbiene für einen Zeitraum von etwa drei Minuten in einem kleinen Kreis, dessen Radius selten größer als zwei Zentimeter ist –und zwar abwechselnd einmal links und dann wieder rechts herum. Und dabei gilt: Je üppiger und damit erfolgversprechender die Nahrungsquelle ist, desto heftiger fallen die Tanzbewegungen aus. Die wartenden Sammlerbienen laufen während dieses Rundtanzes der „Vortänzerin" hinterher und nehmen dabei mit ihren Fühlern den Duft auf, den die Kundschafterin in ihrem dichten Haarkleid von der Futterquelle mitbringt. Eine Richtungsangabe, wo sich die Futterquelle genau befindet, beinhaltet der Rundtanz nicht. Den Sammlerinnen wird von der Kundschafterin durch dieses Bewegungsmuster lediglich mitgeteilt, dass sich der Fundort des Futters in der näheren Umgebung des Stocks befindet.

Liegt die Futterquelle dagegen 100 Meter und weiter vom Stock entfernt, kommt der sogenannte Schwänzeltanz zum Einsatz. Auch beim Schwänzeltanz entscheidet zunächst eine Vorkosterbiene, ob es der Nahrungsfund der Kundschafterin überhaupt wert ist, den Sammlerinnen mitgeteilt zu werden. Beim Schwänzeltanz läuft die Kundschafterbiene, im Gegensatz zum

Rundtanz, zunächst einige Zentimeter geradeaus, um dann den „Rückweg" zum Ausgangspunkt in einem Halbkreis zurückzulegen. Anschließend läuft sie wiederum die gleiche Strecke geradeaus, um dann erneut in einem Halbkreis zurückzukehren, diesmal jedoch in der entgegengesetzten Richtung. Wie beim Rundtanz wird die Kundschafterbiene auch beim Schwänzeltanz von einigen Sammlerbienen verfolgt, die mit ihren Antennen genau die Geschwindigkeit und Intensität der Bewegungen der Vortänzerin registrieren. Denn in diese Bewegungen hat die Kundschafterbiene jede Menge Informationen gepackt: Die Richtung, in der sich die Futterquelle befindet, wird dabei durch die Ausrichtung der „Geradeausstrecke" des Schwänzeltanzes angegeben. Absolviert die Kundschafterin ihren Schwänzeltanz auf dem stets waagerechten ausgerichteten Anflugbrett des Bienenstockes, zeigt die Schwänzelgerade genau in Richtung Futterquelle. Meist wird

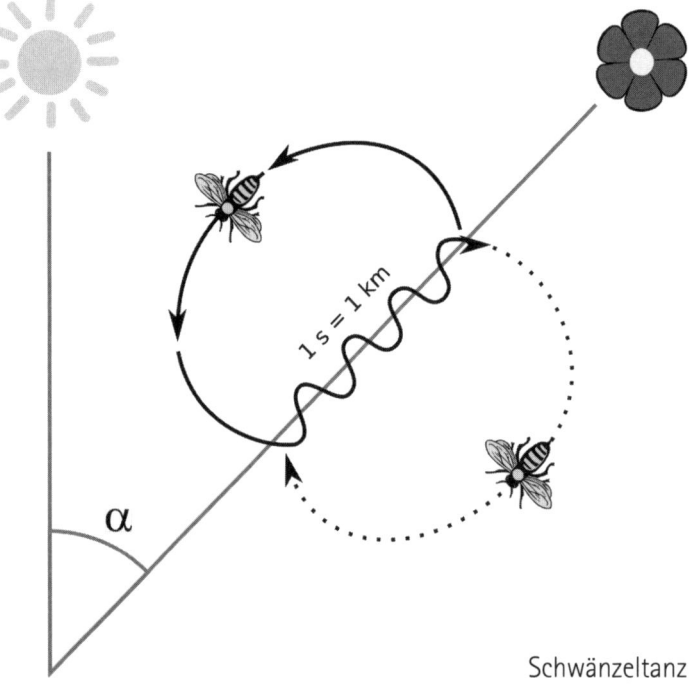

Schwänzeltanz

jedoch im Inneren des Bienenstocks selbst an einer senkrechtstehenden Wabe vorgetanzt. Und hier, in vollkommener Dunkelheit, nutzt die Kundschafterin die Schwerkraft, um die Richtung der Futterquelle in Relation zum Sonnenstand anzuzeigen. Der Winkel der Schwänzelgeraden zur Senkrechten entspricht exakt dem Winkel zur Sonne, den die Bienen einhalten müssen, um den avisierten Futterplatz anzusteuern. Mit der Tanzgeschwindigkeit wird dagegen die Entfernung zur Futterquelle angegeben. Dabei gilt, je schneller das Tänzchen von der Kundschafterin absolviert wird, desto näher liegt die Futterquelle. Will heißen, bei einer Entfernung von 100 Metern absolviert die Vortänzerin rund 40 Runden pro Minute, bei einer Entfernung von 500 Metern dagegen lediglich 24 Runden. Und im Tanz stecken noch mehr Informationen: Auf der Geraden vollführt die Biene rhythmische Bewegungen mit dem Hinterleib – die für den Tanz namensgebenden „Schwänzelbewegungen". Deren Intensität gibt wiederum die Ergiebigkeit der Futterquelle an.

Die Kundschafterbiene wiederholt ihren Informationstanz übrigens stets noch an einigen weiteren Stellen im Stock, um die getanzten Botschaften noch an weitere Sammlerinnen zu übergeben.

Neuere Erkenntnisse zeigen, dass mithilfe des Schwänzeltanzes wahrscheinlich nicht, wie lange angenommen, den wartenden Sammlerinnen die genauen Koordinaten einer Nahrungsquelle übermittelt werden, sondern lediglich ein grobes „Zielgebiet". Vor Ort muss sich die Sammlerbiene dann am Duft der Futterquelle genauer orientieren.

Stepptanz

Ganz andere Absichten, als Artgenossen den genauen Weg zu einer ergiebigen Futterquelle zu weisen, haben die Männchen der amerikanischen Springspinnenart *Habronattus dossenus* im Sinn, wenn sie eine Art achtbeinigen Stepptanz aufführen.

Die männliche Krabbenspinne betätigt sich als Stepptänzer.

Die Spinnenherren wollen mit ihrer tänzerischen Darbietung, die von Umfang und Ausführung selbst den legendären „Vater aller Tänzer" Fred Astaire schwer beeindruckt hätte, das Herz einer paarungswilligen Spinnendame erobern.

Die tierischen Stepptänzer erzeugen in äußerst komplexen tänzerischen Darbietungen mit stampfenden, trommelnden und kratzenden Bewegungen ihrer Beine sowie durch ein rhythmisches Auf-den-Boden-Schlagen ihres Hinterleibs heftige Vibrationen. Und genau diese Vibrationen werden von ihrer weiblichen Zuhörerschaft mit speziellen Sinnesorganen an den Beinen wahrgenommen und können bei den Damen – ein Gefallen vorausgesetzt – umgehend zu einer gesteigerten Paarungsbereitschaft führen. Im Extremfall dauern die Tanzdarbietungen der Spinnenmännchen, die so laut sind, dass sie übrigens auch von menschlichen Ohren wahrgenommen werden können, bis zu 45 Minuten an – da ist Kondition gefragt.

Tanzbären

Noch vor wenigen Jahren konnte man in den Fußgängerzonen einiger osteuropäischer Städte sogenannte Tanzbären beobachten: Speziell abgerichtete Bären, die sich scheinbar rhythmisch im Takt zur Musik eines Flötenspielers bewegten, aber nur scheinbar. Denn ein Bär ist weder ausgesprochen musikalisch, noch besitzt er ein besonderes Rhythmus- oder Taktgefühl. Ein Tanzbär ist ein Braunbär, der als junger Bär mit überaus grausamen Methoden darauf dressiert wurde, tanzähnliche Bewegungen auszuführen. Die Brutalität beginnt bereits beim Fang des jungen Bären: Gerade in Russland ziehen im Frühjahr immer wieder Wilderer los und machen Jagd auf Bärenmütter mit Nachwuchs. Die Wilderer töten die Bärenmütter und verkaufen dann die drei bis vier Monate alten Jungen an die sogenannten „Bärenführer". Später werden die jungen Bären dann von diesen Bärenführern unter Abspielen einer bestimmten Melodie auf eine glühende Metallplatte getrieben. Logischerweise heben die kleinen Bären dann sofort die Füße, um dem Schmerz durch das glühende Eisen zu entgehen. Auf den unbedarften Betrachter wirkt das so, als würde der Bär tanzen. Dieser Vorgang wird so oft wiederholt, bis die Bären derart konditioniert sind, dass sie schon bei Erklingen der Musik anfangen, tanzende Bewegungen zu vollführen.

Zum Glück ist die Haltung von Tanzbären heute in der EU streng verboten und dieses Verbot wird auch weitgehend durchgesetzt. Deshalb trifft man auch in Ländern wie Bulgarien und Rumänien, in denen noch vor wenigen Jahren Tanzbären zum normalen Straßenbild gehörten, auf so gut wie keine Tanzbären mehr. Anders sieht es in Russland und vor allem auf dem indischen Subkontinent aus. Man schätzt, dass es – obwohl es auch dort verboten ist, Bären zu fangen und zu halten – in Indien und Pakistan immer noch knapp 2000 junge Bären gibt, die dort unter erbärmlichen Umständen gehalten und zum Tanzen gezwungen werden.

Winker

Im Jahr 2016 fanden brasilianische Wissenschaftler heraus, dass auch Frösche über Körpersprache miteinander kommunizieren. Die Forscher von der Universidade Estadual Paulista hatten im 50 Kilometer von Sao Paulo entfernten Naturschutzgebiet Serra do Japi 70 brasilianische Stromschnellenfrösche über 15 Monate hinweg beobachtet. Dabei entdeckten sie, dass die kleinen Quaker mit mindestens 18 unterschiedlichen Gebärden miteinander kommunizieren. Das reicht von Winkbewegungen mit den Armen über zitternde und schlaffe Zehen, wackelnde Hände und Füße, bis hin zu einer geduckten oder aufrechten Körperhaltung. Eingesetzt werden die unterschiedlichen Gesten vor allem, um das eigene Revier zu verteidigen, Feinde abzuwehren oder während der Balz einen potenziellen Partner auf sich aufmerksam zu machen.

Die brasilianischen Wissenschaftler gehen davon aus, dass sich diese ausgeprägte Körpersprache der Frösche sozusagen aus der Not heraus entwickelt hat. In den Wohngewässern der kleinen Lurche, schnell fließenden Gewässern oder gar in der Nähe von Wasserfällen, ist es oft schlicht und einfach zu laut, um sich auf akustischem Wege verständigen zu können.

Im Tierreich gibt es sogar Ganzkörperwinker. Diese findet man bevorzugt in einem Lebensraum, der für uns Menschen alles andere als appetitlich ist, in einem Kuhfladen. Bei den Kuhfladenbewohnern handelt es sich um die gerade mal fünf Millimeter großen Larven von Fadenwürmern, die sich in ihrem ungewöhnlichen Zuhause von Bakterien aller Art ernähren. Problematisch wird es für die Larven allerdings, wenn zum Beispiel bei starker Sonneneinstrahlung ihr Kuhfladen eintrocknet und so ihre Nahrungsquelle versiegt. Dann heißt es für die hungrigen Larven, so schnell wie möglich einen neuen frischen Kuhfladen zu erobern. Allerdings ist der Aktionsradius der kleinen Würmer ziemlich begrenzt. Um ihr Ziel zu erreichen, haben sich die Miniwürmer deshalb einen überaus genialen Trick einfallen lassen: Sie nutzen einfach ein „Bioflugzeug": Will der Wurm den Kuhfladen wechseln, kriecht er deshalb auf eine erhöhte Stelle auf dem Fladen, richtet sich auf und schaukelt seinen Körper – sozusagen in einer „Ganzkörperwinkbewegung" – hin und her, um mit dieser Bewegung ein Fluginsekt, etwa einen Aaskäfer, anzulocken. Ein Vorgang, der den Larven den Namen Kriechwinker eingebracht hat. Kommt dann tatsächlich ein Insekt die Nähe des Winkers, heftet sich die Larve mithilfe eines selbst produzierten Sekrets am Bein des Fluginsekts fest. So kann sie das Insekt als Transportmittel nutzen, um quasi per Anhalter zum nächsten Fladen zu gelangen.

Duftgeflüster

Eine besonders raffinierte Form der lautlosen Kommunikation findet im Tierreich mittels diverser Duftsignale, sogenannter Pheromone, statt. Gerade Insekten kommunizieren oft mittels solcher „Infochemikalien". Die chemischen Signale, die aus speziellen Drüsen abgegeben werden, werden dabei vor allem zur Partnerfindung und zur sexuellen Stimulation eingesetzt. Aber Pheromone haben im Tierreich durchaus auch noch ganz andere Aufgaben: So teilen einige Tiere ihren Artgenossen beispielsweise mithilfe von Duftspuren mit, wo sich eine attraktive Nahrungsquelle befindet oder berufen Versammlungen per chemischer Botschaft ein. Andere Tierarten wiederum warnen ihre Kollegen mittels einer Infochemikalie, dass sich Fressfeinde im Anmarsch befinden. Ein Duftgeflüster findet übrigens nicht nur innerhalb der gleichen Tierart, sondern durchaus auch zwischen unterschiedlichen Arten statt. Manchmal dient es sogar dem Informationsaustausch zwischen Insekten und Pflanzen.

Der Duft für gewisse Stunden

Ohne den richtigen Duft geht bei vielen Tieren in Sachen Sex überhaupt nichts. Im Tierreich entscheidet oft die Nase oder das Riechorgan, das eine Tierart zur Verfügung hat, über eine erfolgreiche Partnerfindung. Viele Tierarten bedienen sich sogenannter „Sexualpheromone", sprich Sexuallockstoffe, wenn es darum geht, den sexuellen Appetit des anderen Geschlechts zu wecken und dafür zu sorgen, dass der gewünschte Partner geradezu unwiderstehlich angezogen wird – und das möglichst auch noch zum richtigen Zeitpunkt. Der Begriff „Pheromon" stammt übrigens aus dem Griechischen und bedeutet „Träger von Erregung". In den meisten Fällen sind es die Weibchen, die mit Sexualpheromonen die Männchen sicher zum Ort ihrer Begierde führen wollen.

Geradezu ein Klassiker unter den Sexualpheromonen ist eine Substanz namens Bombykol. Dieses Molekül, das übrigens 1959 als das erste Pheromon chemisch charakterisiert wurde, ist das wohl bekannteste und zugleich auch beindruckendste Beispiel für den Einsatz von „Liebesdüften" in der Tierwelt. Produziert

Hamsterliebe ist pheromongesteuert.

wird der Sexuallockstoff von einigen Nachtfalterarten, wie etwa dem Seidenspinner. Die Falterweibchen, die das Pheromon in speziellen Drüsen in ihrem Hinterleib herstellen, sind in der Lage, mit dem Sexuallockstoff Faltermänner im Umkreis von mehreren Kilometern anzulocken. Die Herren der Schöpfung nehmen den Duft dabei jedoch nicht etwa mit der Nase, sondern mit den Fühlern wahr. Auf denen sitzen Tausende sogenannter Riechsensillen, haarförmige Ausstülpungen, die mit geruchsempfindlichen Zellen besetzt sind. Die Riechrezeptoren der Männchen sind dabei äußerst leistungsfähig und auch sehr feinfühlig: Es genügt bereits ein Molekül Bombykol pro Riechzelle, um einen Nervenimpuls und somit eine Reaktion des Männchens auszulösen und damit die Seidenspinnermänner in Richtung Weibchen in Bewegung zu setzen.

Im Gegensatz zu den Nachtfaltern haben es syrische Goldhamstermännchen bei der Partnerfindung nicht gerade leicht: Herr und Frau Goldhamster leben das ganze Jahr über in getrennten Bauten. Nur zur Paarungszeit gestattet das sehr territoriale Weibchen den Männchen den Zutritt zu seinem Bau. Und damit in dieser kurzen Zeitspanne fortpflanzungstechnisch auch alles problemlos vonstattengeht, bedienen sich die kleinen Nager einer regelrechten Pheromonkaskade: Zunächst legt das Weibchen mithilfe einer schwefelhaltigen Verbindung namens Dimethylsulfid eine Duftspur zu seinem Bau, die dem geneigten Liebhaber verrät, dass er hier mit einem paarungsbereiten Weibchen rechnen darf. Aber nur wenn der Hamstermann dann vor Ort ein Kopulationspheromon, das auf den verführerischen Namen Aphrodisin hört, erschnüffelt, kommt es auch zum Vollzug der Paarung. Dazu gibt jetzt wiederum das Männchen ein Pheromon ab, das beim Weibchen die sogenannte Duldungsstarre auslöst und somit dem Mann Gelegenheit zu einer widerstandlosen Paarung gibt. Da aber auch die längste Duldungsstarre zeitlich limitiert ist, werden die Hamstermänner im Bau der Damen nach dem Akt nicht mehr geduldet.

Eine gewisse Affinität zu Hochprozentigem findet man dagegen beim Maikäferflirt: Berliner Zoologen fanden vor Kurzem heraus, dass die Maikäferweibchen beim Anbaggern von Männchen in erster Linie auf die positive Wirkung von Alkohol setzen. Die paarungswilligen Maikäferdamen knabbern zunächst die Blätter ihrer bevorzugten Fraßbäume, wie Eiche, Hain- oder Rotbuche, an. Durch die Fraßtätigkeit werden dann an den Blättern verschiedene Alkoholverbindungen freigesetzt. Und genau diese Alkoholverbindungen locken die umherschwärmenden Maikäfermännchen an. Ein Maikäfermännchen kann ein Weibchen dabei – dank seines stark ausgeprägtem „Alkoholgeruchssinns" – auf eine Entfernung von mehreren hundert Metern erschnüffeln. Und wenn die Männchen erst mal in der Nähe der Weibchen sind, führen sie ganz „normale Sexuallockstoffe", die die Weibchen verströmen, schnell zum eigentlichen Ziel ihrer Begierde.

Verantwortlich für das gute Riechvermögen der Maikäfer sind ihre Fühler. Auf denen sitzen reichlich sogenannte Geruchssensoren oder Riechzellen. Allerdings gibt es bei den Maikäfern in Sachen Fühler große Unterschiede: Während die Männchen über große, siebenteilige Fächerfühler verfügen, besitzen die Weibchen lediglich sechsteilige Fächerfühler, die auch nur halb so lang sind wie die der Männchen. Das hat Auswirkungen auf das Riechvermögen: Da die die Männchen größere Fühler haben, besitzen sie natürlich auch mehr Riechzellen als die Weibchen: Männchen haben bis zu 50 000 Riechzellen, Weibchen dagegen nur etwa 8000. Will heißen, ein Maikäferherr kann wesentlich besser riechen als eine Maikäferdame. Und das muss er auch – schließlich muss er ja eine paarungswillige Maikäferdame erschnüffeln und nicht umgekehrt.

Die verpackte Liebesbotschaft

Auch Elefanten kommunizieren über chemische Botenstoffe. Die Weibchen der Dickhäuter signalisieren ihre Paarungsbereitschaft mit dem Pheromon Dodecenylacetat, das sie zusammen mit ihrem Urin abgeben. Die Elefantenkühe gehen bei dieser Art der

Kommunikation aber auf Nummer sicher. Sie verpacken ihre duftenden Liebesbotschaften sogar regelrecht, um sie länger haltbar zu machen. So haben amerikanische Wissenschaftler der Columbia University herausgefunden, dass die Elefantenkühe ihre zusammen mit dem Urin ausgeschiedenen Pheromone mit einer Art „Proteinumschlag" aus Albumin gegen allerlei Umwelteinflüsse schützen. Wenn ein Elefantenbulle dann später den Urin mit seinem Rüssel aufnimmt und in sein Maul steckt, zerfällt der Protein-Pheromon-Komplex und die Liebesbotschaft wird freigesetzt. Der Bulle kann diese Botschaft dann mit seinem sogenannten Vomeronasal-Organ, einem am Gaumendach liegenden Geruchsorgan, aufnehmen und dann folgerichtig mit den ersten Besteigungsversuchen beginnen.

Sex mit Hindernissen

Pheromone funktionieren auch unter Wasser. Das kann man sehr schön am Beispiel des äußerst komplexen und komplizierten Fortpflanzungsverhaltens der Hummer beobachten Auch bei den von Feinschmeckern so begehrten Krebstieren haben in Sachen Sex zunächst einmal die Weibchen das Sagen. Denn es sind die Hummermänner, die sich um die Gunst eines Weibchens bemühen müssen. Um die zu erlangen, muss der Hummerherr seiner Angebeteten zunächst eine sogenannte „Paarungshöhle" vorweisen können. Die Weibchen benötigen diesen sicheren Felsunterschlupf dringend zu ihrer eigenen Sicherheit, da sie sich vor dem Akt ihres schützenden Panzers entledigen müssen. Die Weibchen ihrerseits trauen den Männchen nicht so ganz, da männliche Hummer sehr territorial und äußerst aggressiv sind. Und das Weibchen möchte ja nicht als Gegner, sondern als Sexualpartnerin wahrgenommen werden. Deshalb versprüht es zunächst ein Pheromon, dass das Männchen beruhigt, weniger aggressiv macht und dafür sorgt, dass der „benebelte" Hummermann das Weibchen auf eine heiße Liebesnacht in seine Paarungshöhle einlädt. Aber jetzt wird es anstrengend: Hummer stecken in einem sehr harten und festen Chitinpanzer. Wollen sich Hummer also fortpflanzen, ist das in etwa so, als wollten zwei Ritter in voller Rüstung miteinander Sex haben. Ein Unterfangen, das sich wohl ziemlich schwierig gestalten würde.

Erschwerend kommt hinzu, dass der Panzer beim Weibchen die Geschlechtsöffnung versperrt. Das bedeutet, vor dem Sex muss sich das Weibchen „nackig machen", sprich sich, wie bereits erwähnt, komplett häuten. Dieser Prozess ist für das Weibchen eine äußerst anstrengende Angelegenheit und macht es – ohne schützenden Panzer – dadurch für seine Feinde angreifbar. Währenddessen bewacht das Männchen eifersüchtig den Eingang der Höhle. Eine halbe Stunde nach der Häutung beginnt das Männchen mit den ersten Annäherungsversuchen. Und bald lässt das Weibchen dann das Männchen auch gewähren. Hummer bevorzugen übrigens die Missionarstellung, also Sex Bauch an Bauch – eine Stellung, die im Tierreich relativ selten vorkommt. In den allermeisten Fällen findet bei Tieren der Sex bekanntermaßen „von hinten", in der sogenannten „A-tergo-Stellung" statt. Der Liebesakt selbst dauert gerade mal vier bis acht Sekunden und schon hat das Männchen seine Spermienpakete mithilfe der Gonopoden, spezieller „Geschlechtsbeine", in der Geschlechtsöffnung des Weibchens platziert, wo sie dann in einer speziellen Tasche verstaut werden.

Jetzt zeigt das Hummermännchen seine für ein wirbelloses Tier doch sehr fürsorglichen Qualitäten. Es erweist sich als echter Gentleman. Es schützt sehr energisch seine schwangere Herzdame vor Fressfeinden, aber auch vor zudringlichen Artgenossen. Bei Hummern ist Kannibalismus weit verbreitet und das Weibchen ist nach der Häutung nicht verteidigungsfähig. Zum einen fehlt der schützende Panzer und zum anderen sind auch die zur Verteidigung so wichtigen Scheren noch nicht wieder ausgesteift – beides Vorgänge, die in der Regel etwa drei Wochen dauern. Aber auch das schönste Verhältnis muss einmal enden: Etwa zwei Wochen nach der Kopulation verlässt das Weibchen

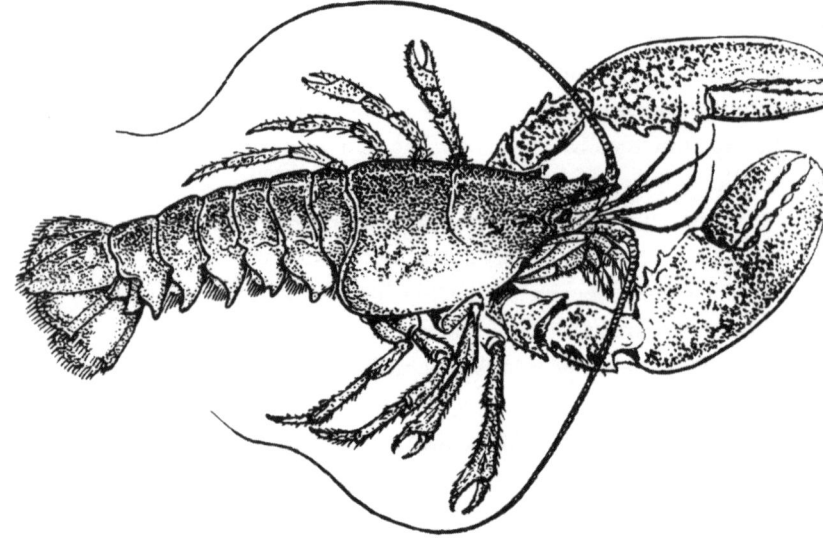

Hummersex ist eine sehr komplizierte Angelegenheit.

die schützende Wohnhöhle des Männchens auf Nimmerwiedersehen. Später produziert das Weibchen je nach Alter bis zu 100 000 Eier, befruchtet sie mit den Spermien aus den jetzt geknackten Spermienpaketen und klebt die befruchteten Eier unter seinen Hinterleib. Durch diese Art der Brutpflege behütet es seinen Nachwuchs und trägt ihn mit sich herum. Zwischen Kopulation und Schlüpfen der Larven liegen bis zu zwölf Monate. Dummerweise häuten sich Hummer ab einem bestimmten Alter, da sie kaum noch wachsen, nur noch alle zwei Jahre. Will heißen, sie können also auch nur alle zwei Jahre Sex haben.

Gauchos

Echte Betrüger in Sachen Pheromone sind die berühmt-berüchtigten Bolaspinnen, die in Nordamerika zu Hause sind. Bolaspinnen lauern im Gegensatz zu vielen anderen Spinnenarten nicht in einem selbstgesponnenen Fangnetz auf Fliegen oder andere Beutetiere. Vielmehr haben sie eine Beutetechnik entwickelt, die verblüffend an die Art und Weise erinnert, mit der auch die südamerikanischen Gauchos traditionell entlaufene Rinder einfangen. Um etwa einen leckeren Schmetterling zu erbeuten, bilden die Bolaspinnen zunächst einen langen Seidenfaden aus, der an seinem Ende in einen großen überaus klebrigen Schleimtropfen übergeht. Dieses an den Vorderbeinen befestigte Fanggerät schleudern die verborgen auf einem Halm oder Ästchen sitzenden Jäger dann gezielt auf vorbeiflatternde Nachtfalter. Haben die „Spinnen-Gauchos" einen Treffer erzielt, müssen sie nur noch ihr Wurfseil, an dem dann das Opfer hilflos zappelt, einholen und schon können sie ihre gefesselte Beute in aller Ruhe verspeisen.

Allerdings überlassen die raffinierten Ansitzjäger das Füllen ihres Bauches dabei keineswegs dem Zufall, sondern bemühen sich sehr aktiv darum, den ein oder anderen fetten Nachtfalter in den Wurfbereich ihres Kugellassos zu locken. Dabei bedienen sie sich eines wahrhaft teuflischen Tricks: Die cleveren achtbeinigen Jäger produzieren täuschend echte Imitate just jenes Sexuallockstoffs, mit dem die Falterdamen ihre Männchen üblicherweise zu einem Schäferstündchen anlocken. Und mehr noch: Die Lockstoffimitate sind dabei, so haben amerikanische Wissenschaftler vor Kurzem herausgefunden, nicht nur auf die entsprechende Falterart, sondern auch genau auf die Aktivitätszeiten der einzelnen Falterarten abgestimmt. Die Bolaspinnenart *Mastophora hutchinsoni* beispielsweise fängt bevorzugt die Männchen zweier Nachtfalterarten, die jedoch zu unterschiedlichen Zeiten umherschwirren. Während die Nachtfalterart *Lacinipolia renigera* nur bis etwa 22.30 Uhr aktiv ist, ist die Art *Tetanolita mynesalis* erst ab 23 Uhr auf den Flügeln. Will heißen: Die Spinne ändert die Zusammensetzung ihres Lockstoffcocktails im Laufe der Nacht so, dass er jeweils zu der Falterart passt, die zu dieser Urzeit gerade unterwegs ist.

Schwächlinge bevorzugt

Gelinde gesagt außergewöhnlich geht es in Sachen Geruchs-kommunikation bei Tieren zu, die normalerweise nicht gerade zu unseren absoluten Lieblingen gehören: Schaben – genauer gesagt, Tansanische Grauschaben. Treffen zwei Männchen der tansanischen Grauschabenart *Nauphotea cinerea* aufeinander, geben sie blitzschnell einen aus drei unterschiedlichen Pheromo-nen bestehenden Duftcocktail ab, der ihr Gegenüber sofort über ihren sozialen Status in Kenntnis setzt. Stark vereinfacht gesagt, können Schaben am Körpergeruch ihres Gegenübers erkennen, welchen Rang dieser in der sehr strengen Schabenmännerhierar-chie einnimmt. Die Männchen können also tatsächlich riechen, ob ihr Artgenosse ein Schabenboss ist oder aber lediglich dem Schabenprekariat angehört. Und so kann man als Grauschaben-männchen sofort am Duft, den ein männlicher Artgenosse ver-strömt, erkennen, ob man ihn hemmungslos drangsalieren kann oder ob es doch besser ist, ihm aus dem Weg zu gehen. Und das ist eine wichtige Information: Auch in der Grauschabenhierar-chie wird „nach oben kräftig gebuckelt und nach unten noch kräftiger getreten". Schwächliche Männer haben in Grauscha-benkreisen wirklich nichts zu lachen.

Natürlich orientieren sich auch die Grauschabenweibchen bei der Partnerwahl am Duftcocktail der Männchen. Sie entschei-den sich aber erstaunlicherweise nicht für die Schabenbosse, die eigentlich nach den Regeln der Natur im Besitz der besten Gene sein sollten, sondern wählen gezielt mickrige Männchen aus. Männchen, die eindeutig am unteren Ende der Schabenhierar-chie zu finden sind. Die Weibchen nehmen dabei sogar billigend in Kauf, dass aus einer solchen Paarung deutlich weniger Nach-kommen entstehen als beim Sex mit einem Schabenmann, der ganz oben auf der Schabenhierarchieleiter steht. Wissenschaftler der Universität Manchester haben auch herausgefunden, warum die Schabenweibchen diese auf den ersten Blick so nachteilige Wahl treffen. Die Kakerlakendamen bevorzugen Schwächlinge

nicht etwa, weil sie einen ausgeprägten Hang zu unterprivile-
gierten Männern haben oder gar aus Mitleid, sondern weil die
niederrangigen Männchen sich bei Akt deutlich rücksichtvoller
verhalten als die testosterongesteuerten Supermänner. Letztere
erweisen sich regelmäßig als aggressive Brutalos und fügen den
Weibchen beim Sex zum Teil schwere Verletzungen zu. Da sagen sich die Weibchen offensichtlich: „Da pfeif ich doch auf
die guten Gene und entscheide mich lieber für verletzungsfreien
Kuschelsex.“

Die so schnöde verschmähten „Supermänner" sind jedoch
keineswegs gewillt, sich mit dieser für sie so enttäuschenden
Wahl der Weibchen zufriedenzugeben. Schließlich wollen auch
sie Kinder zeugen und ihre Gene weitergeben. Und um dieses
Ziel zu erreichen, greifen die Schabenmachos deshalb zu ziemlich rabiaten Mitteln: Sie schikanieren und drangsalieren die
von den Weibchen bevorzugten Schwächlinge derart, dass diese
sich gar nicht mehr tauen, ihren Pheromoncocktail überhaupt
freizusetzt. Und wer keine Pheromone freisetzt, kann natürlich auch nicht die Aufmerksamkeit eines Weibchens erlangen.
Gleichzeitig setzen sie noch so große Mengen an Pheromonen
frei, dass sie von den Weibchen eigentlich kaum noch ignoriert
werden können.

Die englischen Kakerlakenforscher konnten jedoch noch
eine weitere verblüffende Tatsache bei ihren Studien feststellen: Während die Weibchen mit den dominanten Männchen
stets etwa gleich viele Söhne und Töchter zeugen, entstehen aus
der Verbindung mit schwachbrüstigen Männchen in der Regel
deutlich mehr Töchter als Söhne. Die Wissenschaftler vermuten, dass die Weibchen mit dieser Maßnahme die Konkurrenz
für ihre Söhne in der nächsten Generation gering halten und dadurch die Chancen ihrer Sprösslinge, ein Weibchen zu erobern,
deutlich verbessern wollen.

Bill Clinton und die Kakerlaken

Unbestritten eines der schönsten Bonmots eines Politikers aller Zeiten hat der ehemalige US- Präsident Bill Clinton bei einer Preisvergabe im Jahre 2011 geliefert: Der 42. Präsident der Vereinigten Staaten behauptete damals bei einer Laudatio, die er zu Ehren des legendären Rolling-Stones-Gitarristen Keith Richards hielt: „Die einzige Lebensform, die einen Atomkrieg überleben kann, ist neben Kakerlaken Keith Richards von den Rolling Stones."

Nun kann man sich sicher über die Widerstandskraft von Keith Richards trefflich streiten, aber wie sieht es mit den Kakerlaken aus? Sind diese bei uns Menschen nicht sonderlich beliebten Insekten tatsächlich die einzigen Lebewesen, die einen Atomangriff überleben – und sich nach dem atomaren Vernichtungsschlag anschließend automatisch zu den Herrschern der Erde aufschwingen könnten? So ganz einfach lässt sich diese Frage nicht beantworten. Wissenschaftlich erwiesen ist, dass Insekten und hier speziell Kakerlaken in der Tat eine Bestrahlung mit radioaktiven Substanzen besser vertragen als wir Menschen. Während für einen Menschen eine Strahlendosis von fünf bis zehn Gray über einem Zeitraum von wenigen Wochen bereits tödlich ist, können Kakerlaken locker – wohl auch wegen ihres dicken schützenden Chitinpanzers – nahezu die zehnfache Dosis ertragen. Mit diesen Überlebensfähigkeiten hätten die ungeliebten Krabbeltiere, so die Berechnungen von Wissenschaftlern, sehr wahrscheinlich den Atombombenabwurf auf die beiden japanischen Städte Hiroshima und Nagasaki im Zweiten Weltkrieg überleben können. Moderne Atomwaffen haben jedoch eine wesentlich stärkere Vernichtungskraft als die Bomben von Hiroshima und Nagasaki. Deshalb geht die Wissenschaft davon aus, dass bei einem globalen Atomkrieg auch alle Schaben vernichtet werden würden.

Weinende Männer

Einen ziemlich ungewöhnlichen Weg, Pheromone zu übertragen, haben japanische Wissenschaftler vor rund zehn Jahren bei männlichen Mäusen entdeckt: Die Tränenflüssigkeit der Mäuseherren enthält einen Sexualduftstoff und der gelangt bei dem in Mäusekreisen üblichen gegenseitigen Beschnuppern der Partner ganz leicht in die Nase des Weibchens. Häufig weinende Männer muss man jetzt wohl – zumindest bei Mäusen – unter völlig neuen Gesichtspunkten betrachten.

Gemeinsam schaffen wir das

Wenn Insekten eine Versammlung einberufen wollen, versprühen sie sogenannte Aggregationspheromone. Besonders gut untersucht ist der Einsatz von Aggregationshormonen bei Borkenkäfern, winzigen Käfern, die in der Rinde oder im Holz von Bäumen leben und bei Massenvermehrungen in einem Wald schwere Schäden anrichten können: Sobald ein Borkenkäfer einen neuen Baum „befallen" hat, sprich, sich in die Rinde des Baumes einbohrt, gibt er zusammen mit seinem Kot, dem sogenannten „Bohrmehl", Aggregationshormone ab, die weitere Käfer anlocken sollen. Dabei ist es egal, ob es sich bei den herbeigerufenen Artgenossen um Männchen oder Weibchen handelt. Diese chemische Versammlungseinberufung hat einen guten, sogar existenziellen Grund: Gemeinsam lassen sich die Abwehrmaßnahmen der Bäume, wie etwa ein verstärkter Harzfluss, deutlich besser überwinden als im Alleingang. Die „Einberufung" hat auch einen hübschen Nebeneffekt: Sie verbessert deutlich die Chancen, sich erfolgreich fortzupflanzen. Schließlich wird durch das erfolgreiche Verströmen von Aggregationspheromonen auch die Anzahl potenzieller Sexualpartner drastisch erhöht. Die Aggregationspheromone werden meist sogar mithilfe des befallenen Baumes hergestellt. Einige Borkenkäferarten schaffen es im eigenen Körper, die bei der Mahlzeit aufgenommenen Harzinhaltstoffe in Duftstoffe umzuwandeln.

Allerdings kann die Abgabe von Aggregationspheromonen letztendlich auch negative Folgen haben: Zu viele Borkenkäfer auf dem gleichen Baum führen, wenn es darum geht, die Futterressourcen auszubeuten, zu erhöhter Konkurrenz. Aber auch für diese Situation haben die Käfer chemisch vorgesorgt. Wenn eine ausreichende Käferdichte erreicht ist und weitere durch Aggregationspheromone angelockte Käfer zu einer Überbevölkerung führen würden, stellen die kleinen Schadinsekten nicht nur die Abgabe der Versammlungshormone ein, sondern produzieren jetzt auch sogenannte „Ablenkpheromone". Pheromone, die andere umherfliegende Käfer veranlassen sollen, sich doch bitte schön einen anderen, noch nicht ausreichend befallenen Baum zu suchen.

In der Forstwirtschaft versucht man, die Borkenkäfer mit ihren eigenen Waffen zu schlagen. Künstlich hergestellte Aggregations- und Ablenkpheromone der kleinen Käfer werden gezielt zur Bekämpfung von Borkenkäfern eingesetzt. So wird zum Beispiel mithilfe von mit Aggregationshormonen bestückten Fallen die Populationsdichte der Schadinsekten ermittelt. Oft werden auch mit Pheromonen präparierte, nicht entrindete, gefällte Bäume als sogenannte „Fangbäume" ausgelegt, die dann, wenn sie „voll besetzt" sind, mitsamt den Käfern vernichtet werden. Künstlich hergestellte Ablenkpheromone werden dagegen eingesetzt, um einen Wald von vornherein borkenkäferfrei zu halten.

Feindalarm

Eine ganz andere Art von Pheromonen findet man dagegen bei Blattläusen. Diese Miniaturschädlinge arbeiten mit sogenannten „Alarmpheromonen", um ihre Artgenossen vor einem Räuber, etwa einem gefräßigen Marienkäfer, zu warnen. So verströmen die in Kolonien lebenden Insekten bei drohender Gefahr aus kleinen Röhren auf dem Rücken sofort einen Duftstoff, der ihren Kollegen signalisiert, dass es jetzt für ihre Gesundheit wohl besser wäre, das Weite zu suchen.

Auch Honigbienen arbeiten mit Alarmpheromonen. Allerdings nicht wie die Blattläuse, um Artgenossen zur Flucht zu animieren, sondern um Verstärkung herbeizurufen und eine Bedrohung gemeinsam abwehren zu können.

Bisher hat man in den Alarmpheromonen der Bienen zwölf unterschiedliche Duftstoffe nachgewiesen, die entweder aus an den Mundwerkzeugen oder an der Stachelbasis gelegenen Drüsen freigesetzt werden. Wissenschaftler haben beobachtet, dass durch die Freisetzung der Alarmpheromone auch gleichzeitig die Angriffslust der Bienen gesteigert wird. Ein Angreifer wird übrigens nicht nur von einer Biene gestochen, sondern für die herbeigerufenen Artgenossinnen durch die Alarmpheromone auch als „tunlichst zu stechendes Objekt" gekennzeichnet. Menschen, die von einer Biene gestochen wurden, sollten sich daher möglichst nicht zeitnah weiteren Bienen oder einem Bienenstock nähern.

Was Bienen recht ist, ist Ameisen billig: Auch die Miniinsekten arbeiten mit Pheromonen mit einer Alarm- und Rekrutierungsfunktion. Bei Angriffen auf das eigene Nest setzen Ameisen sofort bestimmte Duftstoffe frei, um rasch Nestgenossinnen herbeizurufen und das Nest gemeinsam besser verteidigen zu können.

Ameisen arbeiten mit sogenannten „Alarmpheromonen".

Reviermarkierungen

„Ihr verdammter Köter hat schon wieder an meinen Gartenzaun gepinkelt!" Der Ärger des Nachbarn über diese unschöne Tatsache ist für uns Menschen sicherlich nachvollziehbar. Aus der Sicht des übel beleumdeten Hundes sieht die Sache allerdings etwas anders aus: Schließlich hat er nichts anderes gemacht, als Haus und Hof, sprich sein Revier, abzustecken. Mit der duftenden Urinbotschaft soll anderen Hunden klar gemacht werden, wer in diesem Revier das Sagen hat. Eine Art der Reviermarkierung, die unter den Säugetieren weit verbreitet ist. So stecken beispielsweise auch männliche Pandabären ihr Revier mit Urinmarkierungen ab, um potenzielle Rivalen fernzuhalten. Dabei haben sich jedoch einige der vom Aussterben bedrohten, schwarz-weiß gefärbten Bären einen ganz raffinierten Trick ausgedacht, um ihre männliche Konkurrenz aufs Glatteis zu führen. Sie begeben sich beim Wasserlassen einfach in den Handstand. So können sie ihre Urinmarkierung deutlich höher anbringen, als beim „normalen" Akt. Mit der ungewöhnlichen Maßnahme soll Rivalen vorgegaukelt werden, dass in diesem Revier ein besonders großes Männchen das Sagen hat und dass es deshalb besser wäre, sich tunlichst fernzuhalten.

Eine chemische Fitnessdemonstration

Eine für uns Menschen reichlich unappetitliche Art der chemischen Kommunikation finden wir beim Galizischen Sumpfkrebs. Eine Flusskrebsart, die in schlammigen, langsam fließenden Gewässern vorkommt und dort oft dicht an dicht gedrängt in Gruppen von bis zu 20 Individuen pro Quadratmeter lebt. Da kommt es bei den sehr territorialen und nicht gerade für ihre Friedfertigkeit bekannten Krebsmännern reichlich zu Revierstreitigkeiten, die mit einem erstaunlichen Phänomen beginnen: Die Streithähne blasen sich ganz gezielt einen Schwall Urin mitten ins Gesicht. Zielsicher deshalb, weil die Krebse ihren Urinstrahl mithilfe der

Kiemen exzellent steuern können. Die Getroffenen können dann sozusagen im Urin ihres Gegenübers „lesen": Der Flusskrebsurin enthält chemische Substanzen, die dem „Bepinkelten" einen genauen Aufschluss über den Ernährungs- und Gesundheitszustand und damit auch über die Stärke und Kampfkraft des jeweiligen Gegners erteilen. Also eine Fitnessdemonstration der besonders unfeinen Art, aber auch eine, durch die lange und blutige Kämpfe vermieden werden können. Anhand der „Urinbotschaften" erkennen die Kombattanten relativ schnell, ob sie überhaupt eine realistische Chance besitzen, einen Kampf zu gewinnen, oder ob es nicht doch besser ist, den geordneten Rückzug anzutreten. Untersuchungen deutscher Wissenschaftler zeigen auch, dass bei diesen Urinduellen aggressive und vor allem siegessichere Tiere deutlich größere Urinmengen versprühen als Artgenossen, die sich ihres Erfolges keineswegs sicher sind. Dem Prozedere der Urinduelle kamen die deutschen Forscher übrigens mit einem kleinen Trick auf die Spur: Um den normalerweise unsichtbaren Krebsurin aufzuspüren, versetzten die Wissenschaftler einfach das Wasser, in dem sich die Flusskrebse tummelten, mit dem Farbstoff Fluoreszein. Mit dieser Methode konnte bereits nach kurzer Zeit leicht der weniger siegessichere der beiden Kombattanten ausgemacht werden: Er war in eine grün leuchtende Wolke gehüllt.

Aber nicht nur die männlichen Flusskrebse, sondern auch ihre Weibchen setzen auf Urin als Kommunikationsmittel. Das zeigen Beobachtungen eines deutsch-englischen Forscherteams bei Signalkrebsen, einer ursprünglich aus Nordamerika stammenden Flusskrebsart. Die Weibchen sondern über ihren Urin chemische Botenstoffe in das umgebende Wasser ab, mit der die Krebsdamen ihre generelle Paarungsbereitschaft anzeigen. Das ist dann das, wenn auch reichlich unappetitliche, deutliche Signal für die Signalkrebsmännchen, jetzt sofort um die Weibchen zu werben. Die reagieren jedoch trotz der positiven Botschaft zunächst äußerst ungnädig auf ihre potenziellen Freier, sodass diese zunächst nicht nur die männliche Konkurrenz in die Schranken weisen, sondern auch die Weibchen regelrecht niederringen müssen. Ein cleverer Schachzug, denn indem die Krebsweibchen die Männchen zunächst sexuell gesehen „aufheizen" und dann wieder abblitzen lassen, bewirken sie, dass die Männer sich in zahlreichen Kämpfen untereinander und mit ihren Partnerinnen durchsetzen müssen. Was wiederum bedeutet, dass am Ende der Kämpfe die durchsetzungsfähigsten Kandidaten übrigbleiben. Und die haben mutmaßlich auch die besten Gene, die sie später einmal an den gemeinsamen Nachwuchs weitergeben können. Sozusagen eine Art weibliches „Urinausleseverfahren".

Entscheidend ist, was hinten rauskommt

Eine geradezu unglaubliche Partnerwerbung findet man beim amerikanischen Rotrückensalamander. Der kleine Lurch, der seinen Namen einem roten Längsstreifen auf dem Rücken verdankt und in nordöstlichen Teilen Nordamerikas zu Hause ist, setzt in Sachen Brautwerbung auf die Qualität seiner Stoffwechselendprodukte. In der Brunft – auch Salamander haben eine Brunftzeit – setzt das Rotsalamandermännchen regelmäßig ein kleines Kothäufchen vor den Eingang seiner Wohnhöhle. Dies geschieht nicht etwa aus hygienischen Gründen, sondern bei diesem Kothäufchen handelt es sich um eine Art Visitenkarte des Rotsalamanderherren. Eine unappetitliche, aber äußerst erfolgreiche Visitenkarte.

Kommt jetzt ein Weibchen an der Wohnhöhle des Männchens vorbei, kann es an Hand der Kothäufchen relativ einfach feststellen, welche Art von Nahrung der Höhlenbesitzer in letzter Zeit zu sich genommen hat. Hier ist es wichtig zu wissen, dass Rotrückensalamander bei der Wahl ihrer Beute Termiten klar vor Ameisen bevorzugen. Das hat einen einfachen Grund: Termiten besitzen einen dünnen Chitinpanzer, sind deshalb gut verdaulich und enthalten obendrein auch noch viele Nährstoffe. Ameisen dagegen werden von Rotrückensalamandern nur dann gefressen, wenn sie keine Termiten erbeuten konnten. Ameisen sind mit einem dickeren Chitinpanzer ausgestattet, deshalb schwerer verdaulich und verfügen auch über deutlich weniger Nährstoffe.

Findet jetzt ein Weibchen im Kot zahlreiche dicke Panzerstücke, weiß es sofort, dass der Produzent des Häufchens in letzter Zeit wohl nur Ameisen erwischen konnte. Dann ist das Kalkül der Salamanderdame einfach: Wer nur Ameisen erbeuten kann, ist sehr wahrscheinlich ein schlechter Jäger, hat daher wahrscheinlich auch schlechte Gene und kommt deshalb weder als Liebhaber noch als zukünftiger Vater infrage. Will heißen, Rotrückensalamander kommunizieren mittels der Qualität ihrer Stoffwechselendprodukte – oder, um es mit Altkanzler Helmut Kohl zu sagen: Entscheidend ist, was hinten rauskommt!

Amerikanischer Rotrückensalamander

Rotrückensalamander gehören übrigens zu den wenigen monogamen Amphibien. Allerdings schließt diese eheliche Treue durchaus auch den ein oder anderen Seitensprung des Männchens mit ein. Das zahlt dann allerdings einen hohen Preis für seine Untreue. Wenn ein Rotrückensalamandermännchen nach einem Seitensprung wieder bei seinem Weibchen auftaucht, hat es mit reichlich Ungemach zu rechnen. Die betrogene Lurchdame überführt ihren treulosen Gatten sofort anhand der Duftstoffe seiner Geliebten, die auch noch lange nach dem Akt an der Haut des Casanovas haften bleiben. Was dann passiert, ist fast so, als würde bei uns Menschen ein treuloser Ehemann von seiner Ehefrau mit dem Nudelholz empfangen: Das betrogene Rotrückensalamanderweibchen richtet sich, um möglichst beeindruckend und drohend zu erscheinen, zunächst zu seiner vollen Größe auf. Anschließend beißt es den eingeschüchterten Sünder meist auch noch kräftig ins Bein. Weshalb die Rotrückensalamanderweibchen bei ihren Männern auf Treue bestehen, ist noch nicht geklärt.

Mit Düften auf der Spur

Ohne Pheromone geht in einem Ameisenstaat so gut wie nichts. Der Großteil dessen, was sich Ameisen so zu sagen haben, wird über chemische Botenstoffe abgewickelt. Ob es um die Verteidigung oder den Nahrungserwerb geht: Fast alle überlebenswichtigen Nachrichten werden im Ameisenstaat über Pheromone kommuniziert. Im Fall der Ameisen handelt es sich bei diesen Pheromonen um Gemische zahlreicher Kohlenwasserstoffe, die aus bestimmten Drüsen, aber auch aus dem After der kleinen Insekten ausgestoßen werden.

Insgesamt besitzen Ameisen bis zu 75 verschiedene Duftdrüsen an Kopf, Brust und Hinterleib. Diese produzieren jeweils nicht nur einen einzigen Duft, sondern ein regelrechtes Gemisch von chemischen Signalstoffen.

Das wohl bekannteste Beispiel für den Einsatz von Pheromonen sind die berühmt-berüchtigten „Ameisenstraßen": Entdeckt eine Ameise eine ergiebige Nahrungsquelle, markiert sie den Weg vom Nest zu diesem Ort der Begierde mit einem sogenannten „Spurhormon". Dazu trägt sie das wegweisende Pheromon mit der Hinterleibsspitze auf dem Boden auf, sodass ihre Nestgenossinnen, die diesen Duft mit äußerst empfindlichen Rezeptoren auf ihren Antennen wahrnehmen können, der Duftspur leicht folgen können. Diese verstärken dann ihrerseits die Spur – vorausgesetzt, es handelt sich um eine gute Nahrungsquelle –, sodass aus einem Duftpfad sehr schnell eine Duftautobahn entstehen kann.

Versiegt andererseits die Nahrungsquelle, wird die Duftspur automatisch schwächer. Erstaunlich ist auch die Effektivität eines Spurpheromons. Wissenschaftler haben berechnet, dass nur ein Millionstel Gramm des wegweisenden Dufts einer Blattschneideramerise ausreichen würde, um eine Duftspur zu legen, die mehr als 100 000 Kilometer lang ist.

Interessanterweise, so fanden Würzburger Ameisenforscher vor einigen Jahren heraus, ist bei der Wegmarkierung „Spurpheromon" nicht gleich „Spurpheromon". Jede Ameisenkolonie markiert ihre Straßen mit einem individuellen Duft, einem Gemisch von verschiedenen Kohlenwasserstoffen, das sich von den Spurpheromonen anderer Kolonien der gleichen Art in der chemischen Zusammensetzung deutlich unterscheidet. Dadurch ist gewährleistet, dass die Individuen der einzelnen Kolonien auch bei nahegelegenen Nestern, selbst in einem Gewirr von Ameisenstraßen mit zahlreichen Straßenkreuzungen, den „eigenen" Weg finden und es nicht zu einem Verkehrschaos kommt. Apropos Verkehrschaos: Auf Ameisenstraßen kommt es, im Gegensatz zu menschlichen Straßen, so gut wie nie zu Staus. Der Grund dafür ist, dass sich Ameisen anders als Autofahrer stets mit der gleichen Geschwindigkeit bewegen. Da wird weder gebummelt, noch abrupt gebremst oder unnötig Gas gegeben – zu Überholvorgängen ohne Not kommt es schon gar nicht. Und es wird immer ein an-

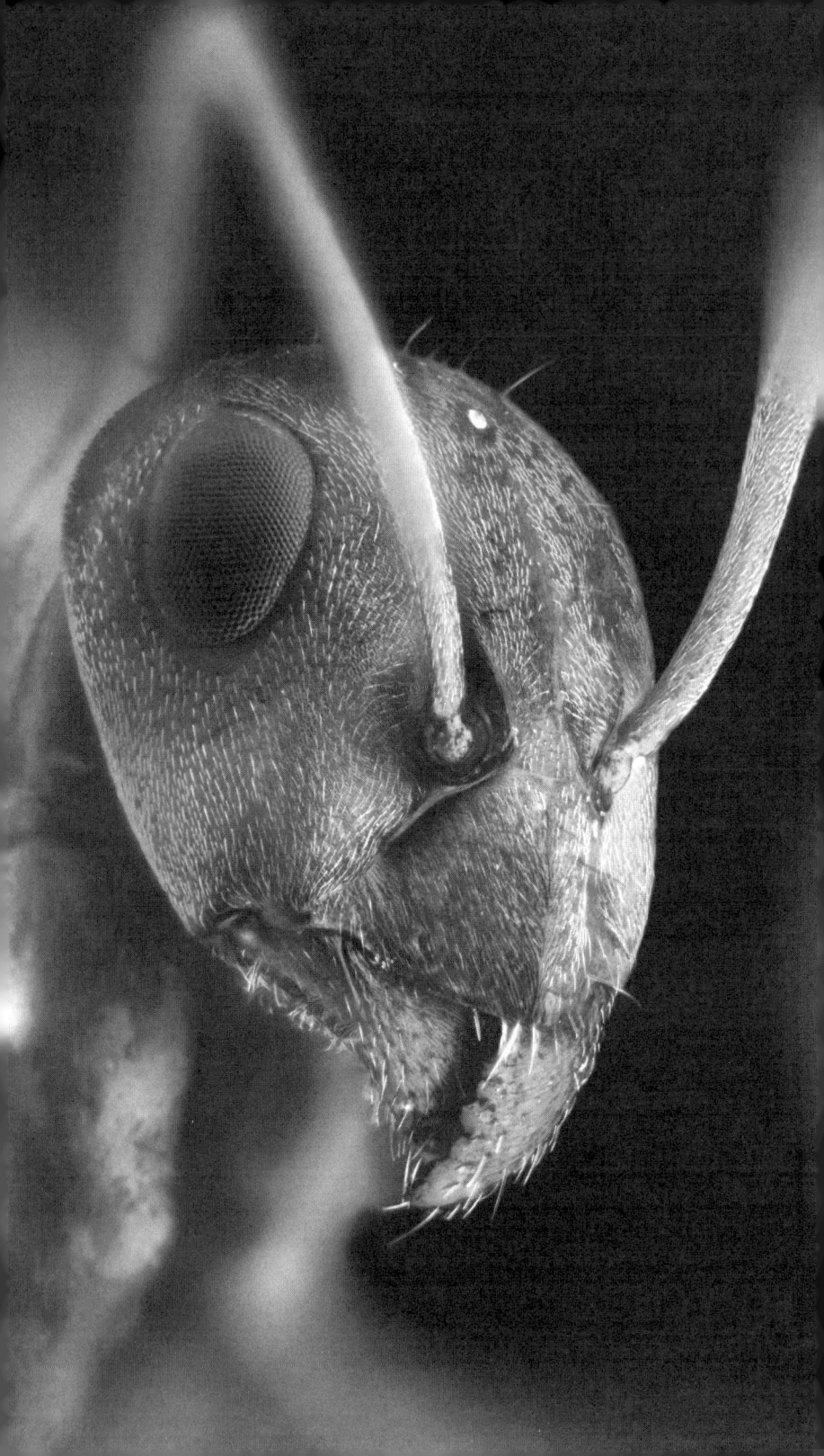

gemessener Abstand zum Vordermann eingehalten. Ameisen begreifen sich eben nicht als Individuen wie wir Menschen, sondern als Team. Oder, um es anders auszudrücken: Das Wohlergehen des Staates steht bei Ameisen deutlich über den Befindlichkeiten einer einzelnen Ameise.

Ameisenstraßen sind sogar mit einer Art duftender Verkehrsschilder, genauer gesagt Stoppschildern, ausgestattet. Ameisen zeigen ihren Artgenossen via Pheromonbotschaft nicht nur an, wo es etwas zu futtern gibt, sondern auch, wo es nichts zu holen gibt. Britische Forscher haben mithilfe einer bemerkenswerten Versuchsreihe herausgefunden, dass die sogenannten „Nahrungsscouts" der Ameisen an Weggabelungen jeweils die Wegvarianten, die nicht zu einer Nahrungsquelle führen, mit einem Pheromonstoppschild versehen, um ihren Kollegen überflüssige Wege zu ersparen.

Ameisensprachen

Auch in Sachen Identifikation spielen Pheromone im Ameisenleben eine wichtige Rolle. Ameisen können anhand des individuellen Körpergeruchs eines Artgenossen erkennen, ob dieser aus der eigenen Kolonie stammt oder einem anderen Volk angehört. Offensichtlich bilden hier verschiedene Kohlenwasserstoffe am Außenskelett der Tiere eine Art chemischen Code. Eine Eigenschaft, die bei den komplexen Gemeinschaftssystemen der kleinen Krabbler geradezu überlebensnotwendig ist. Gilt es doch, bei den zahlreichen Individuen klar zwischen Nestgenossen und potenziellen Feinden zu unterscheiden.

⇐ Ameisen riechen mit Hilfe ihrer Antennen.

Auch die Ameisenkönigin arbeitet mit chemischen Duftstoffen: Die Königin versprüht gezielt Pheromone, die die Eiablage der Arbeiterinnen hemmt. Schließlich ist ein Ameisenstaat eine Monarchie und da ist nur die Königin berechtigt, sich fortzupflanzen. Und sogar der Ameisennachwuchs arbeitet bereits mit Pheromonen: Wenn Ameisenlarven Hunger verspüren, fordern sie sofort die Arbeiterinnen, die für ihre Versorgung zuständig sind, mittels chemischer Botschaft dazu auf, sie jetzt aber schnell mit Futter zu versorgen.

Kommunikationstechnisch sind Ameisen jedoch noch deutlich breiter aufgestellt. Neben der Verständigung durch Pheromone tauschen sich Ameisen auch durch gegenseitige Berührungen mit den Fühlern aus. So betrillern Ameisen beispielsweise Artgenossinnen mit den Fühlern, um diese zu veranlassen, einen Teil ihrer im Sozialmagen gespeicherten Nahrung heraufzuwürgen, um ihn dann an die Bittstellerin weiterzugeben. Ein Vorgang, der in der Wissenschaft als „Trophallaxis" bezeichnet wird. Dazu kommt noch bei vielen Ameisenarten eine weitere Art der Kommunikation: Die kleinen Krabbler verständigen sich durch schrille Geräusche, die sie erzeugen, indem sie zwei Segmente ihres Hinterleibs rasch gegeneinander verschieben. Empfangen werden diese Geräusche allerdings nicht mit Hörorganen, sondern mit Sinnesorganen in den Beinen, die die erzeugte Schallenergie als Vibration im Erdreich wahrnehmen.

Bei Blattschneiderameisen wird diese Art der Kommunikation wohl vor allem in Notsituationen eingesetzt. So konnten Wissenschaftler im brasilianischen Dschungel beobachten, dass Blattschneiderarbeiterinnen, die durch einen Erdrutsch im Tunnellabyrinth ihrer unterirdischen Bauten verschüttet wurden, mittels Hinterleibsgeraschel um Hilfe riefen. Und tatsächlich traten auf diese Hilferufe hin innerhalb kürzester Zeit Artgenossinnen auf den Plan, die sofort damit begannen, einen Tunnel zu graben, um die Verschütteten zu befreien.

Und last, but not least markieren Ameisen ihr Revier, ähnlich, wie dies auch viele Säugetiere tun, mit den obligatorischen duftenden Kothäufchen.

Tödliche Düfte

Im Pflanzen- und Vorratsschutz wird heute verstärkt mit synthetisch hergestellten Pheromonen gearbeitet. Bieten diese sogenannten „Pheromon-Methoden" doch eine giftfreie und damit umweltfreundliche Alternative zu den herkömmlichen Schädlingsbekämpfungsmitteln. So setzt man zur Bekämpfung von Lebensmittelmotten bevorzugt Pheromonfallen ein, die mit dem künstlich hergestellten Sexuallockstoff der Weibchen dieser Mottenart ausgestattet sind. Die Männchen der Schadinsekten, die am Ort der Duftquelle fälschlicherweise ein liebeshungriges Weibchen erwarten, landen dann stattdessen auf einem Klebestreifen. Dieser hindert die Motte daran, wieder loszufliegen, – und es gibt letztendlich kein Entkommen mehr.

Eine weitere sehr erfolgreiche Möglichkeit künstlich hergestellter Pheromone zur Bekämpfung von Schadinsekten ist die sogenannte Verwirrmethode. So werden zum Beispiel bei der Bekämpfung des Traubenwicklers, eines Schmetterlings, der im Weinbau bei einem Massenbefall große Schäden anrichten kann, weibliche Traubenwicklerpheromone in großen Mengen im Weinberg ausgebracht. Dies hat zur Folge, dass die Schmetterlingsmänner in einer derart hochkonzentrierten synthetischen Pheromonwolke völlig die Übersicht verlieren und ihre Weibchen, die ihrerseits nur mit vergleichsweise dezenten Pheromonausstößen auf sich aufmerksam machen wollen, nicht mehr zielsicher orten können. Was wiederum zu einer deutlich reduzierten Paarungsfrequenz der Weibchen führt und damit zu einer signifikant geringeren Vermehrung der Schadorganismen.

Eine sprachliche Allrounderin

Sprachlich gesehen sind Katzen echte Allrounder, denn sie verfügen gleich über mehrere ausgeprägte Wege der Kommunikation. Da wäre zunächst einmal die Lautsprache – eine Sprache, die es durchaus in sich hat. Amerikanische Wissenschaftler kamen nach Auswertung zahlreiche Tonbandaufnahmen zu dem Schluss, dass Katzen, lässt man den Menschen einmal außen vor, über das größte Lautrepertoire aller Lebewesen verfügen. Katzen können über hundert unterschiedliche Laute von sich geben. Hunde bringen es dagegen gerade mal auf zehn. Eine der bekanntesten, aber auch häufigsten Lautäußerungen von Katzen ist das Miauen. Aber Miauen ist nicht gleich Miauen. Ein „Miau" kann sich in Tonlänge, Betonung und Tonhöhe deutlich unterscheiden. Der geübte Katzenbesitzer kann, wenn er seinen Stubentiger auch nur ein kleines bisschen kennt, leicht zwischen einem zärtlichen und einem wehklagenden Miauen, zwischen einem Begrüßungsmiauen und einem Miauen, mit dem die Katze die Aufmerksamkeit eines Artgenossen oder ihres Besitzers einfordert, unterscheiden. So betont eine Katze, die bei ihrem Dosenöffner gerade um ein Leckerchen bettelt, eher das „u" im Miau, während eine enttäuschte Katze doch mehr das „a" ihres Miaus hervorhebt. Dummerweise wissen wir Menschen solche Feinheiten in der Katzensprache oft nicht richtig zu interpretieren und reagieren dann zum Entsetzen unserer Miezen oft völlig falsch. Und natürlich kommt es auch immer auf das einzelne Individuum an. Einige Katzen miauen ständig, andere wiederum miauen eher selten.

Aber die Laute der Katzensprache bestehen bei Weitem nicht nur aus den diversen Miaus: Ist eine Katze so richtig angefressen oder verspürt sie Angst, dann wird gefaucht, geknurrt oder gezischt. Als Zeichen extremer Wut kommt noch das sogenannte Jodeln hinzu.

Ein weiterer wichtiger Katzenlaut ist das sogenannte „Zwitschern". Ein Laut, mit dem die Katzenmama ihren Nachwuchs ruft, der aber auch gern genutzt wird, um den Katzenhalter zu loben, weil der mal wieder pünktlich den Fressnapf gefüllt hat. Allerdings wird das Zwitschern auch von Katzen eingesetzt, um ihrerseits Lob einzufordern – etwa, wenn sie ihrem Herrchen und Frauchen eine tote Maus als Geschenk zu Füßen legen. Dann ist Zwitschern zu interpretieren als: „Schau, was ich Dir Schönes mitgebracht habe, bin ich nicht eine tolle Katze!" Unglücklicherweise wissen wir Menschen dieses Geschenk trotz fröhlichen „Gezwitschers" nur sehr bedingt zu schätzen.

Nicht vergessen werden darf bei den Katzenlauten der berühmt-berüchtigte Katergesang. Ein Gesang, der in menschlichen Ohren wie das verzweifelte Geschrei eines hungrigen Babys klingt. Allerdings „singen" Kater keineswegs aus Verzweiflung, sondern möchten mit den ominösen Tönen einen männlichen Konkurrenten in die Schranken weisen. Stehen sich zwei streitbare Kater an den Grenzen ihres Reviers gegenüber, kommt es meist zu einem Gesangsduell, das eine halbe Stunde und länger andauern kann. Der Verlierer dieses Gesangswettbewerbes räumt dann irgendwann mit charakteristischen zeitlupenartigen Bewegungen das Feld. Wird keiner der Kombattanten vom Gesang seines Gegenübers eingeschüchtert, wird das Duell mit Zähnen und Krallen weitergeführt und kann mitunter mit massiven Blessuren enden. Katzenexperten weisen immer daraufhin, dass es sich beim Gesang der Kater keineswegs um ein Liebeslied handelt, mit dem eine liebesbereite Kätzin angemacht werden soll, sondern lediglich um einen Territorialgesang. Allerdings gibt es auch

Katzenbesitzer, die darauf schwören, ihr Kater würde ganz gezielt Häuser, in denen weibliche Katzen leben, ansingen, um die Dame des Hauses zu einem kleinen Schäferstündchen zu überreden.

Schnurrgeheimnisse

Und da wäre noch das Geräusch, von dem die deutsche Bestsellerautorin und Katzenfreundin Elke Heidenreich behauptet: „Es ist eines der schönsten Geräusche der Welt" – das Schnurren der Katze. Und auch andere Katzenliebhaber sind der festen Überzeugung, dass nichts, aber auch gar nichts, das Gefühl von wohliger Behaglichkeit deutlicher zum Ausdruck bringt, als das glückliche und zufriedene Schnurren einer Katze auf dem Schoß ihres Besitzers.

Bleibt allerdings die Frage, was man eigentlich unter dem Begriff „Schnurren" versteht? Laut des allgegenwärtigen Onlinelexikons

Wie und warum Katzen „schnurren" ist immer noch nicht vollständig geklärt.

Wikipedia handelt es sich beim Schnurren um ein niederfrequentes (25 bis 150 Hertz), gleichmäßig vibrierendes Geräusch, das Katzen in bestimmten Situationen erzeugen. Wie unsere Katzen das mit dem Schnurren hinkriegen, bleibt im Augenblick trotz intensiver Forschung immer noch ein ungeklärtes Katzengeheimnis. Die im Augenblick am meisten favorisierte These geht davon aus, dass das Schnurrgeräusch ein Ergebnis rhythmischer Impulse ist, die im Kehlkopf der Katze entstehen und durch die Bronchien noch verstärkt werden. Bleibt die Frage, warum unsere Miezen überhaupt schnurren? In den allermeisten Fällen sehr wahrscheinlich, um ihrer Umwelt zu signalisieren, dass es ihnen gut geht und sie glücklich und zufrieden sind. So zeigt eine Katzenmutter beispielsweise ihren Jungen durch sanftes Geschnurr an, dass im Augenblick die Katzenwelt in Ordnung ist und von keiner Seite Gefahr droht. Oft bestätigen die Kätzchen im Gegenzug – ebenfalls schnurrenderweise – ihrer Mutter, dass es auch ihnen gut geht.

Aber keine Regel ohne Ausnahme. Ein in unseren Ohren so wohlig klingendes Schnurren weist nicht zwangsläufig auf eine glückliche und zufriedene Katze hin. Katzen schnurren offensichtlich auch, wenn sie gestresst sind, sich fürchten oder große Schmerzen haben. Einige Wissenschaftler sind deshalb der Ansicht, dass Schnurren in einigen Fällen auch der eigenen Beruhigung dient. Viele Katzenhalter sind sogar der festen Überzeugung, dass Katzen ihren Besitzern auch ab und an per Schnurren mitteilen wollen, dass es ihnen nicht gut geht und sie deshalb dringend der Hilfe von Herrchen oder Frauchen bedürfen beziehungsweise dass es höchste Zeit ist, ihnen wieder den Fressnapf zu füllen.

Amerikanische Wissenschaftler haben vor rund 15 Jahren herausgefunden, dass das Schnurren einer Katze nicht nur der Kommunikation dient, sondern noch eine andere wichtige, geradezu lebensrettende Aufgabe hat. Und die liegt im Gesundheitsmanagement der Samtpfoten. Die durch das Schnurren ausgelösten Vibrationen unterstützen deutlich die Heilung verletzter Knochen und Gelenke. Eine Erkenntnis, die sich mit der in Tierarztkreisen schon längere Zeit bekannten Tatsache deckt, dass bei Katzen Knochenverletzungen deutlich schneller heilen als bei Hunden. Von den heilenden Schnurrgeräuschen profitieren mittlerweile jedoch nicht nur vierbeinige, sondern auch zweibeinige Patienten. Erstaunlicherweise ist für den Heilungsprozess noch nicht einmal eine Mieze vonnöten. 2010 hat ein österreichischer Mediziner ein sogenanntes „Schnurr-Therapie-Gerät" namens „KST-2010" entwickelt, das in der Lage ist, sowohl die Geräusche als auch die Vibrationen, die eine schnurrende Katze auslöst, perfekt zu imitieren. Nach Angaben des Herstellers ist die „künstlichen Katze" ein echtes heilendes Multitalent. Das Therapiegerät kann nicht nur die Knochenfestigkeit steigern und die Knochenbruchheilung verkürzen, sondern auch dem Auftreten von Osteoporose entgegenwirken. Dazu lindert es auch noch Rückenschmerzen und befreit die Atemwege bei Asthma und Bronchitis.

Gegenüber einer echten Katze hat das Gerät sowohl Vor- als auch Nachteile: Ein samtweiches Fell und ausgiebige Schmuseeinheiten kann KST-2010 seinen Besitzern nicht bieten. Auf der anderen Seite bringt KST-2010 erfreulicherweise aber auch keine mehr oder weniger toten Mäuse mit nach Hause.

Kommunikationskörperteile

Aber eine Katze kann Informationen über ihren Gemütszustand ihren Artgenossen oder einem Menschen bei Weitem nicht nur auf akustischem Weg mitteilen. Ein weiteres wichtiges Kommunikationsinstrument von Katzen ist beispielsweise ihre Körpersprache. Und auch die ist ausgesprochen vielseitig. Eine Katze kann durch ihre Körperhaltung, ihre Schwanz- und Ohrenstellung, die Position ihrer Schnurrhaare, aber auch mithilfe ihrer Augen ihrem Gegenüber sehr deutlich mitteilen, wie es um ihre Stimmungslage bestellt ist, aber auch welche Absichten sie gerade hegt.

So versucht eine Katze, die Eindruck schinden will, gern mit ein paar Tricks optisch an Größe zu gewinnen, um dadurch für ihren Gegner imposanter zu erscheinen – etwa, indem sie den berühmten „Katzenbuckel" macht oder das Fell am Rücken sträubt. Macht sich die Katze dagegen klein, versucht also, ihren Körperumfang zu verkleinern, deutet dies auf Angst und Unsicherheit hin.

Das wohl wichtigste „Kommunikationskörperteil" einer Katze ist aber ihr Schwanz. Mit dem kann eine Katze ihren Artgenossen, aber auch uns Menschen gleich ein Dutzend verschiedene Botschaften übermitteln: Wird der Schwanz beispielsweise heftig hin und her gepeitscht, bedeutet dies, dass die Katze wütend ist und gleich zum Angriff übergehen wird. Hier kommt es oft zu fatalen Missverständnissen mit Hunden, die dieses Signal irrtümlicherweise oft als Aufforderung, doch gemeinsam zu spielen, interpretieren. Ein Irrtum, der bei beiden Beteiligten ziemlich blutig enden kann. Ein eingezogener Schwanz signalisiert Unterwerfung vor einem Gegner. Ein steil nach oben gerichteter Schwanz ist dagegen als Zeichen großer Zufriedenheit zu interpretieren. Ist dann auch noch die Schwanzspitze fast bis auf Nackenhöhe gekrümmt, ist das als Nonplusultra einer guten Stimmung zu verstehen. Gleichzeitig werden mit dieser Schwanzposition aber auch befreundete Artgenossen oder Herrchen und Frauchen begrüßt. Manchmal wird diese „Ich-mag-dich-Geste" auch noch durch ein freudiges Zittern des Schwanzes unterstützt.

Aber auch bei der Körpersprache kommt es oft auf Nuancen an. Ist der Schwanz zwar steil aufgestellt, die Schwanzhaare sind dabei jedoch gesträubt, ist Mieze keineswegs glücklich, sondern will ihrer Umgebung mitteilen, dass sie ziemlich verärgert ist und dass jetzt möglicherweise eine Attacke unmittelbar bevorsteht.

Und selbst mit der Schwanzspitze können unterschiedliche Botschaften übermittelt werden: Während ein leichtes Zucken der Schwanzspitze als Lust zum Jagen oder Spielen zu verstehen ist, signalisiert ein heftigeres Zucken des Schwanzendes, dass die Katze ausgesprochen sauer ist – auf wen auch immer.

Ein weiteres wichtiges Kommunikationsinstrument der Katze sind ihre Ohren. Auch die Lauschorgane spiegeln sehr deutlich die Gemütslage einer Katze wieder. So sind etwa flach an den Kopf angelegte Ohren ein deutliches Anzeichen dafür, dass die Katze sich fürchtet und sich deshalb in den Verteidigungsmodus begeben hat. Und diese Ohrenposition macht auch rein technisch Sinn: Eng an den Kopf angelegte Lauscher sind bei einem Angriff deutlich besser geschützt und bieten auch ein kleineres Angriffsziel.

Eine Art Vorstufe zu diesem Verhalten ist das sogenannte Ohrendrehen: Wenn eine Katze ihre steil aufgerichteten Ohren ständig nach allen Seiten dreht, signalisiert sie damit ihrer Umgebung, dass sie sich unsicher fühlt und deshalb bemüht ist, rein akustisch etwaige drohende Gefahren zu orten.

Katzen können aber auch mithilfe ihrer Schnurrbarthaare kommunizieren: Mit nach vorn gerichteten Schnurrbarthaaren werden beispielsweise befreundete Artgenossen oder geliebte Menschen begrüßt, aber manchmal auch eine tiefe Zufriedenheit ausgedrückt. Mit eng an die Wangen angelegten Schnurrbarthaaren will die Katze dagegen zeigen, dass sie sich im Augenblick gerade ziemlich unwohl fühlt.

Außerdem kommunizieren Katzen auch mit den Augen. So gilt in Katzenkreisen ein längerer Augenkontakt als unhöflich, sogar meist als Ausdruck von Aggression. Oft finden gerade unter rivalisierenden Katern regelrechte „Blickduelle" statt, die so lange andauern, bis der Verlierer – als Eingeständnis seiner Niederlage und zur Beschwichtigung des Gegners – den Blick abwendet. Blinzelt oder zwinkert eine Katze dagegen, ist das als deutliches Zeichen der Zuneigung zu werten. Dies ist auch der Grund, warum Katzen oft freudig ganz gezielt auf Menschen zugehen, die keine Katzen mögen oder sogar Angst vor Katzen haben. Diese Menschen verhalten sich in den Augen der Katzen unabsichtlich

Wütende Katze

genau richtig. Sie starren die Miezen in der Regel nicht an – ein Verhalten, das von Katzen wie gesagt als bedrohlich empfunden wird – sondern vermeiden jeglichen Blickkontakt mit der Katze, was die Katze wiederum als freundlichen Akt interpretiert.

Last, but not least arbeiten Katzen kommunikationstechnisch auch noch mit reichlich Chemie. Katzen verfügen an zahlreichen Körperstellen, wie etwa dem Kinn, den Schläfen, der Unterlippe, aber auch im Analbereich und sogar an den Fußballen, über Drüsen, mit denen sie Artgenossen auf chemischem Wege Botschaften zukommen lassen können (siehe S. 168 ff.). So fügen Katzen ihren Stoffwechselendprodukten stets Duftstoffe bei, um damit ihr Revier zu markieren. Ähnliches gilt für das zärtliche, aber intensive Reiben des Kopfes an einem Artgenossen, einem Betreuer oder auch einem simplen Stuhlbein. Dieses sogenannte „Köpfchengeben" dient ebenfalls der chemischen Markierung und ist als „Du gehörst zu mir" zu verstehen. Unterstützt werden die chemischen Markierungen auch oft durch heftige Kratzspuren an Bäumen oder unglücklicherweise Möbeln. Eine Reviermarkierung, die bei Katzenhaltern natürlicherweise auf nur wenig Gegenliebe stößt.

Um eine chemische Markierung handelt es sich übrigens auch beim sogenannten „Treteln" der Katze. Bei dieser auch als „Milchtritt" bezeichneten Instinkthandlung bearbeitet eine Katze intensiv einen geliebten Menschen – es darf aber auch mal ein Sofakissen sein – durch rhythmische Tritte mit den Vorderpfoten. Eigentlich handelt es sich beim Milchtritt um eine angeborene Verhaltensweise, mit der Katzenbabys ihre Mütter während des Säugens traktieren, um besser an die Muttermilch zu gelangen. Aber auch bei erwachsenen Miezen kann man oft noch Milchtritte beobachten. Und die haben einen guten Grund: Beim „Treteln" gibt die Katze mithilfe der bereits erwähnten Duftdrüsen auf der Pfotenunterseite Duftstoffe ab, die den Mensch oder eben das Sofakissen als ihr „Eigentum" kennzeichnen sollen.

Und natürlich kommt es bei Katzen oft auch zu Kombinationen dieser verbalen und nonverbalen Kommunikationstechniken. So ist mit einer Katze, die faucht, einen Buckel macht, mit dem Schwanz peitscht, Ohren und Schnurrbarthaare angelegt und dabei die Augen weit aufgerissen hat, wirklich nicht gut Kirschen essen.

Zähneklappern

Erfahrene Katzenbesitzer kennen das: Der Stubentiger sitzt im Winter auf dem Fensterbrett und beobachtet reichlich frustriert durch die Fensterscheibe, wie sich im Garten ein Vogel auf dem Vogelhäuschen niederlässt. Und dann passiert es: Felix und Co. beginnen völlig unkontrolliert und hemmungslos mit den Zähnen zu klappern. Ein Geklapper, das den geneigten Beobachter befürchten lässt, das Gebiss könne dabei ernsthaft zu Schaden kommen. Die Wissenschaft ist sich nicht ganz sicher, wie sie dieses „Zähneklappern" oder „Schnattern", das Katzen offensichtlich regelmäßig an den Tag legen, wenn Beute zwar in Sicht, aber leider nicht in Reichweite ist, interpretieren soll. Als Ausdruck von Frustration oder Bedrohung? Einige Katzenexperten glauben, dass es sich beim „Gebissrattern" um eine Art „Übungsverhalten" handelt, das die Tötung eines Beutetiers vorwegnimmt oder einübt. Denn es besteht eine große Ähnlichkeit zu dem Biss, den eine Katze anwendet, um ihre Beute rasch und sicher zu töten – der sogenannte „Todesbiss", mit dem Katzen fein säuberlich den Halswirbel ihrer Beute zertrennen.

Löwenzahn ruft Biene

Der Glaube, dass nicht nur Menschen und Tiere, sondern auch Pflanzen miteinander kommunizieren, wurde vor wenigen Jahren von der „seriösen" Wissenschaft noch müde belächelt und war lediglich ein paar Esoterikern vorbehalten. Heute hat hier ein Umdenken stattgefunden: Neuere Untersuchungen zeigen klar, dass Pflanzen keineswegs, wie so lange angenommen, stumm sind. Genau das Gegenteil ist richtig: Pflanzen können zwar nicht sprechen, tauschen sich aber mittels chemischer Botenstoffe ausgiebig untereinander aus. So warnen sich Gänseblümchen und Co. schon mal gegenseitig vor gefährlichen Schädlingen oder weisen die Nachbarpflanze auf die Anwesenheit von nützlichen Bestäubern hin, wie etwa Bienen oder Hummeln. Und der Pflanzennachbar kann diese Information durchaus verarbeiten und darauf reagieren. Aber damit nicht genug: Es existieren auch noch höchst interessante und oft ziemlich raffinierte Kommunikationsformen zwischen Pflanzen auf der einen und Tieren auf der anderen Seite.

⇦ Auch Pflanzen kommunizieren miteinander.

Wenn der Tabak um Hilfe schreit

Als eine der geschwätzigsten Pflanzenarten schlechthin gilt unter Pflanzenkommunikationsforschern der Wilde Tabak – eine etwa ein Meter hohe Pflanze, die im Westen der USA in der Great-Basin-Wüste zu Hause ist. Eine Pflanze, die nicht nur mit Artgenossinnen kommunizieren kann, sondern in Notfällen sogar tierische Hilfe herbeirufen kann: Der Wilde Tabak hat eine äußerst raffinierte Doppelstrategie entwickelt, mit der er sich gegen gefräßige Raupen zur Wehr setzen kann. Bei der ersten pflanzlichen Verteidigungslinie handelt es sich um eine relativ unspezifische, aber äußerst wirksame Strategie. Registriert die Pflanze, dass eine gefräßige Raupe an ihren Blättern knabbert, fährt sie sofort ihre Nikotinproduktion in den Wurzeln hoch und schickt das neusynthetisierte Nikotin über die Leitungsbahnen in die Blätter. Und bei Nikotin handelt es sich ja bekanntermaßen um ein sehr starkes Zellgift. Die meisten Raupenarten merken dann relativ schnell, dass sie eine ungenießbare beziehungsweise sogar hochgiftige Pflanze vor sich haben, hören auf zu fressen und suchen sich ein weniger giftiges Opfer – oder aber, sie gehen an der giftigen Mahlzeit zugrunde. Eine Abwehrmaßnahme, die jedoch nicht bei allen Fressfeinden des wilden Tabaks funktioniert. Die Raupe des Tabakschwärmers, eines Schmetterlings, der zur Familie der sogenannten Nachtschwärmer gehört, hat es im Laufe der Evolution geschafft hat, das Nikotin auf eine – im Augenblick noch unbekannte Weise – zu neutralisieren.

Aber auch hier weiß sich der Wilde Tabak zu helfen: Wird der Wilde Tabak von einem Tabakschwärmer angeknabbert, ruft er sofort Fressfeinde des Tabakschwärmers zu Hilfe – genauer gesagt Raubwanzen der Gattung *Geocoris* –, damit die ihn von den lästigen Raupen befreien. Die Hilferufe erfolgen auf chemischem Wege. Der Tabak verströmt, wenn er angeknabbert wird, innerhalb kürzester Zeit einen Duftstoff, ein Aldehyd namens Hexenal, der den in der Nähe befindlichen Raubwanzen signalisiert: „Hey, hier gibt es was zu fressen". Und da Raubwanzen über hochsensible

Antennen verfügen, können sie selbst kleine Mengen dieses Duftstoffs zielsicher orten. Genau genommen, ist es noch nicht einmal die Pflanze selbst, sondern der Tabakschwärmer, der die Wanzen herbeiruft. Um dieses Phänomen zu verstehen, muss man wissen, dass Hexenal in der Tabakpflanze in zwei sogenannten isomeren Formen vorkommt: (Z)-3-Hexenal und (E)-2-Hexenal. Beißt der Tabakschwärmer zu, wird durch ein bestimmtes Enzym in seinem Speichel in weniger als einer Stunde in der Tabakpflanze das „passive" (Z)-3-Hexenal in das „aktive" (E)-2-Hexenal umgewandelt, das jetzt sofort die Raubwanzen herbeilockt. Eigentlich handelt es sich bei dieser Umwandlung um ein evolutionäres Eigentor. Schließlich lockt der Tabakschwärmer beim Fressen seine Todfeinde durch sein eigenes Enzym an – aber eben nur eigentlich. Natürlich werden durch das Enzym im Speichel letztendlich Fressfeinde angelockt, aber die Umwandlung von (Z)-3-Hexenal in (E)-2-Hexenal hat auch einen großen Vorteil für die Raupe: (E)-2-Hexenal ist auch als ein stark antibiotisches Mittel bekannt. Durch die Bildung dieser Substanz können schädliche Mikroorganismen, die mit der Nahrung meist zuhauf aufgenommen werden, schnell und effektiv getötet werden. Will heißen, die Raupe erfährt durch die (E)-2-Hexenal-Bildung auch ein großes Maß an mikrobiellem Schutz.

Noch raffinierter aufgestellt in Sachen „chemische Hilferufe" als der wilde Tabak ist die Limabohne, wie vor Kurzem Wissenschaftler des Max-Planck-Instituts in Jena herausgefunden haben. Wird diese aus Peru stammende, krautige Nutzpflanze von Insekten angefallen, erkennt sie anhand der Bisspuren und des Speichels des Aggressors sofort, um was für ein Schadinsekt es sich bei ihrem Angreifer handelt. Dadurch kann die Bohne dann sehr differenziert reagieren und jeweils die genau passenden Helfer herbeirufen. Wird die Bohne beispielsweise von gefräßigen Spinnmilben angeknabbert, verströmt sie einen Duftstoff namens Methylsalicylat. Dieser lockt Raubmilben an, die dann sofort damit beginnen, die Schädlinge zu verputzen. Machen sich jedoch hungrige Schmetterlingsraupen über ihre Blätter her, produziert

Raupe eines Tabakschwärmers

die Limabohne einen ganz anderen Duftcocktail. Dieser lockt genau die Schlupfwespen an, die üblicherweise in den entsprechenden Raupen parasitieren.

Eine Pflanze, die verschiedene Bedrohungsszenarien nicht nur erkennen, sondern auch mit ganz unterschiedlichen Methoden abwehren kann – ein solches Phänomen hätte man noch vor wenigen Jahren für undenkbar gehalten. Also von wegen „dumm wie Bohnenstroh". Und die Limabohne besitzt sogar noch eine weitere äußerst clevere Verteidigungsstrategie: Wird die Pflanze von allzu vielen Blattläusen befallen, produziert sie in ihren sogenannten Nektarien, winzigen Drüsen am Blattstiel, einen süßen Nektar. Und der wiederum lockt Ameisen an, die dann die Blattläuse recht schnell von „ihrer" neuen Futterquelle vertreiben.

Aber natürlich kommunizieren Pflanzen vor allem auch mit Tieren, wenn es um die Fortpflanzung geht. Und das fängt bei der Blütenfarbe an. Schließlich blühen Blumen nicht in den prächtigsten Farben, um uns Menschen zu gefallen, sondern um sogenannte Bestäuber anzulocken. Tiere, die den Pollen von Pflanze zu Pflanze tragen und damit sozusagen für die Fortpflanzung und die Verbreitung der Pflanzen sorgen. In Mitteleuropa übernehmen vor allem Bienen, Hummeln, Schmetterlinge und auch Fliegen diesen Job. In den Tropen gibt es mit Vögeln oder sogar Fledermäusen durchaus auch exotischere Bestäuber. Beim Lockvorgang selbst kommt es eindeutig auf die Farbe an. Mit Grün kann eine Pflanze bei potenziellen Bestäubern nur wenig punkten. Schließlich sind schon die Blätter und andere Pflanzenteile grün gefärbt – und es gilt, möglichst viel Aufmerksamkeit zu erregen. Auch Braun und Schwarz sind, aus verständlichen Gründen, als Blütenfarben nur selten vertreten.

Allerdings gibt es bei den potenziellen Bestäubern oft klare Farbvorlieben. Tagfalter etwa bevorzugen Pflanzen mit einer orangen bis violetten Blütenfarbe. Nachtfalter kann eine Pflanze dagegen eher mit weißen Blütenblättern anlocken. Und das hat einen guten Grund: Dunkle Farben sind schließlich nachts kaum sichtbar. Bienen sind dagegen farbmäßig gesehen eher Allrounder. Kolibris und andere Vogelarten, die in den Tropen als Bestäuber auftreten, bevorzugen wiederum ein knalliges Rot.

Aber Pflanzen haben noch einen weiteren Pfeil im Köcher, wenn es darum geht, Biene und Co. anzulocken: Düfte, die sie in bestimmten Drüsen produzieren. Diese Düfte dienen den Bestäubern als eine Art Wegweiser. Und auch hier sind die Geschmäcker durchaus unterschiedlich: Hummeln mögen beispielsweise den Duft von Rosen, Bienen werden dagegen von Lavendel geradezu magisch angelockt. Schmeißfliegen stehen wiederum auf Düfte, die für uns Menschen eher unangenehm riechen. Ähnliches gilt für tropische Fledermäuse, die bei ihren „Blüten" Schwefeldüfte bevorzugen. Da es sich bei den meisten Bestäubern um tagaktive Tiere handelt, schließen die meisten Blütenpflanzen am Abend ihre Kelche und verhindern so, dass unnötig Duftstoffe verschwendet werden. Erst am nächsten Morgen werden die Blüten wieder geöffnet, sodass sich die Lockdüfte ungehindert verbreiten können. Allerdings keine Regel ohne Ausnahme: Einige Pflanzen, wie etwa die Nachtkerze, verströmen ganz gezielt gerade in der Nacht ihre betörenden Duftstoffe, um Nachtfalter und andere nachtaktive Bestäuber anzulocken.

Und dann gibt es noch die sogenannten „Sexualtäuschblumen": Pflanzen, die Insekten auf optischem und chemischem Weg viel versprechen, aber ihr Versprechen keineswegs einhalten. Sexualtäuschblumen ahmen mit ihren Blüten und auch ihrem Duft täuschend echt paarungswillige Insektenweibchen nach, um mit dieser Täuschung paarungswillige Insektenmännchen anzulocken. Die sollen dann der Pflanze in Sachen Bestäubung auf die Sprünge helfen. Geradezu ein Klassiker unter den Sexualtäuschblumen ist die Spinnenragwurz, eine heimische Orchidee, die in lichten Wäldern und Gebüschen und auf Magerrasen zu finden ist. Die Spinnenragwurz täuscht ihre übliche Bestäuberin, die solitär lebenden Biene *Andrena nigroaenea*, gleich doppelt: Zum einen durch das Aussehen ihrer Blüte, die

von der Optik her stark an eine weibliche Biene erinnert. Zum anderen ist die Orchidee in der Lage, die chemische Zusammensetzung, aber auch die Geruchsintensität des Sexuallockstoffs der Biene perfekt nachzuahmen. Dank dieses doppelten Imitats sieht die Ragwurz nicht nur wie eine weibliche Biene aus, sondern riecht obendrein auch noch wie eine, die Lust auf Sex hat. Und welcher Mann könnte da wiederstehen? Und so fallen immer wieder Bienenmännchen auf diese überaus raffinierte Täuschung herein und bestäuben bei ihren vergeblichen Kopulationsversuchen die Orchideen.

Das Grüne Telefon

Forscher vom Netherlands Institute for Ecology haben vor einiger Zeit festgestellt, dass es Schadinsekten gibt, die ihre Wirtspflanzen als eine Art „grünes Telefon" benutzen. Mit den Botschaften per Pflanzenfernsprecher wollen die Schadinsekten vermeiden, dass sie sich gegenseitig Konkurrenz machen und die Ressourcen dadurch geringer werden. So konnten die holländischen Forscher zeigen, dass unterirdisch lebende Insekten, die sich an den Wurzeln einer Pflanze gütlich tun, über die Leitungsbahnen „ihrer" Pflanze chemische Botschaften in die Blätter aussenden. Damit signalisieren sie der oberirdischen Konkurrenz, wie etwa Raupen, dass diese Pflanze bereits „besetzt" ist. Die so vorgewarnten Insekten können sich dann eine neue, gesunde Pflanze aussuchen, die sich auch erfolgreicher ausbeuten lässt. Durch diese Art der Kommunikation können sich die Schadinsekten leicht aus dem Weg gehen. Die Untersuchungen zum „grünen Telefonieren" stecken allerdings noch in den Kinderschuhen. Deshalb ist noch unklar, wieweit diese neu entdeckte Art der chemischen Kommunikation bei Schadinsekten überhaupt verbreitet ist.

Literatur

Acevedo-Gutiérrez, A.; Di Berardinis, S.; Larkin, K.; Larkin, S. & P. Forestell (2005): Social interactions between tucuxis and bottlenose dolphins in Gandoca-Manzanillo, Costa Rica. Latin American Journal of Aquatic Mammals 4, 271–277.

Aidley, D. & D. C. S. White (1969): Mechanical properties of glycerinated fibres from the tymbal muscles of a Brazilian cicada. Journal of Physiology 205, 179–192.

Aitken, J. P.; O'Dor, R. K. & G. D. Jackson (2005): The secret life of the giant Australian cuttlefish *Sepia apama* (Cephalopoda): Behaviour and energetics in nature revealed through radio acoustic positioning and telemetry (RAPT). Journal of Experimental Marine Biology and Ecology 320, 77–81.

Alexander, R. D. & T. E. Moore (1962): The evolutionary relationships of 17-year and 13-year cicada, and tree new species (Homoptera, Cicadiae, Magicicada). Misc. Publ. Mus. Zool., University of Michigan, 121–128.

Allmann, S. & I. T. Baldwin (2010): Insects betray themselves in nature to predators by rapid isomerization of green leaf volatiles. Science 329, 1075–1078.

Anderson, C. V. (2016): Off like a shot: scaling of ballistic tongue projection reveals extremely high performance in small chameleons. Scientific Reports 6, 18625 (2016), DOI:10.1038/srep18625.

Arnold, C. (2013): Musical mice sing to fend off rivals. National Geographic vom 04.10.2013.

Arriaga, G.; Zhou, E. P & E. D. Jarvis (2012): Of mice, birds, and men: the mouse ultrasonic song system has some features similar to humans and song-learning birds. PLoS ONE 7: e46610, DOI:10.1371/journal.pone.0046610.

Associated Press (2006): Texas town welcomes rattlesnakes, handlers. Associated Press vom 11.03.2006.

Atemaa, J.; Jacobsona, S.; Karnofskya, E.; Oleszko-Szutsa, S. & L. Steina (1979): Pair formation in the lobster, *Homarus americanus*: Behavioral development pheromones and mating. Marine Behaviour and Physiology 6, 4, 277–296.

Au, W. W. L.; Frankel, A.; Helweg, D. A. & D. H. Cato (2001): Against the humpback whale sonar hypothesis. IEEE Journal of Oceanic Engineering 26, 295–300.

Backwell, P. R.; Christy, J. H.; Telford, S. R.; Jennions, M. D. & N. I. Passmore (2000): Dishonest signalling in a fiddler crab. Proc Biol. Sci. 267, 719–724.

Barbero, F.; Thomas, J. A.; Bonelli, S.; Balletto, E. & K. Schönrogge (2009): Queen ants make distinctive sounds that are mimicked by a butterfly social parasite. Science 323, 782–785.

Bay, A.; Cloetens, P.; Suhonen, H. & J. P. Vigneron (2013): Improved light extraction in the bioluminescent lantern of a Photuris firefly (Lampyridae). Optics Express 21, 764–780.

BBC News (1986): Coal mine canaries made redundant. BBC News vom 30.12.1986.

Becker, N.; Petric, D.; Zgomba, M.; Boase, C.; Minoo, M.; Dahl, C. & A. Kaiser (2003): Mosquitoes and Their Control. Springer, Berlin, Heidelberg, New York.

Beier, M. & F. Heikertinger (1954): Grillen und Maulwurfsgrillen. Die Neue Brehm-Bücherei, Heft 119. A. Ziemsen Verlag, Wittenberg.

Bennemann, M. (2010): Die Evolution im Liebesrausch: Das bizarre Paarungsverhalten der Tiere. Eichborn Verlag, Frankfurt.

Berry, F. C. & T. Breithaupt (2010): To signal or not to signal? Chemical communication by urine-borne signals mirrors sexual conflict in crayfish. BMC Biol. DOI: 10.1186/1741-7007-8-25.

Bishop, K. (1989): Voice of the turtle? No, toadfish love song. New York Times vom 26.06.1989.

Brantley, R. K. & A.H. Bass (1994): Alternative male spawning tactics and acoustic signaling in the plainfin midshipman fish, *Porichthys notatus*. Ethology 96, 213–232.

Breithaupt, T. & P. Eger (2002): Urine makes the difference: chemical communication in fighting crayfish made visible. Journal of Experimental Biology 205, 1221–1231.

Bubnoff, A. V. (2005): Humming fish solves noisy crash. Nature News vom 11.07.2015.

Burnie, D. & D. E. Wilson (2001): Animal. The definitive visual guide to the world's wildlife. Dorling Kindersley, London.

Busch, H .P.; Dimitri, L.; Gonschorrek, J.; Kohnle, U.; Niemeyer, H.; Otto, L. F.; Richter, D.; Schröter, H. & U. Wilhelm (1992): Wirkungsvoller Waldschutz mit Borkenkäferfallen. Allg. Forst Z. Waldwirtsch. Umweltvorsorge 47, 15, 793–798.

Callaway, E. (2009): Parasitic butterflies dupe hosts with ant music. New Scientist vom 09.02.2009.

Campbell, J. A. & W. W. Lamar (2004): The venomous reptiles of the western hemisphere. Comstock Publishing Associates, Ithaca and London.

Cator, L. J.; Arthur, B. J.; Harrington, L. C. & R. R. Hoy (2009): Harmonic convergence in the love songs of the dengue vector mosquito. Science 323, 1077–1079.

Cerutti, H. (2004): Ein Geschenk für die Angebetete. NZZ Folio vom Januar 2004.

Chabout, J.; Sarkar, A.; Dunson, D.B. & E. D. Jarvis (2015): Male mice song syntax depends on social contexts and influences female preferences. Front. Behav. Neurosci., 01 April 2015, http://dx.doi.org/10.3389/fnbeh.2015.00076.

Cho, W. K.; Ankrum, J. A.; Guo, D.; Chestere, S. A.; Yang, S. Y.; Anurag Kashyap, A.; Campbell, G. A.; Wood, R. J.; Rijal, R. K.; Karnik, R.; Langer, R. & J. M. Karpa (2012): Microstructured barbs on the North American porcupine quill enable easy tissue penetration and difficult removal. Proceedings of the National Academic Society 109, 52, 21289–21294.

Clapham, P. (1996): Humpback whales. Colin Baxter Photography, Moray.

Conant R. (1975): A field guide to reptiles and amphibians of eastern and central north america. Houghton Mifflin Company, Boston.

Connor, S. (2005): Secret of Darwin's 'violin-playing bird' revealed. Independent vom 29.07.2005.

Cramp, S. & K. E. L. Simmons (1978): Handbook of the Birds of Europe, the Middle East and North Africa, the Birds of the Western Palearctic. Vol. 1, Ostrich to Ducks. Oxford University Press.

Croll, D. A.; Clark, C. W.; Acevedo, A.; Flores, S.; Gedamke, J. & J. Urban (2002): Only male fin whales sing loud songs. Nature 417, 809.

Daily Mail (2009): Crocodile crazy: The man who enjoys giving his dangerous 'companion' kisses and cuddles. Daily Mail vom 17.08.2009.

Dakin, R. & R. Montgomerie (2011): Peahens prefer peacocks displaying more eyespots, but rarely. Animal Behaviour 82, 1, 21–28.

Damian, O.; Elias, D. O.; Mason, A. C.; Maddison, W. P. & R. R. Hoy (2003): Seismic signals in a courting male jumping spider (Araneae: Salticidae). Journal of Experimental Biology 206, 4029–4039.

Dantzer, B. J. & Jaeger R. G. (2006): Detection of the sexual identity of conspecifics through volatile chemical signals in a territorial salamander. Ethology 113, 214–222.

Derby, C. D.; Kicklighter, C. E.; Johnson, P. M. & Xu Zhang (2007): Chemical composition of inks of diverse marine molluscs suggests convergent chemical defenses. Journal of Chemical Ecology 33, 1105–1113.

Derryberry, E. P. (2009): Ecology shapes birdsong evolution: variation in morphology and habitat explains variation in white-crowned sparrow song. The American Naturalist 174, 24–33.

Derryberry, E. (2011): Male response to historical and geographical variation in bird song. Biological Letters 7, 57–59.

Dinets, V. (2015): Play behavior in crocodilians. Animal Behavior and Cognitio 2, 49–55.

Dinets, V.; Brueggen, J. C. & J. D. Brueggen (2015): Crocodilians use tools for hunting. Ethology Ecology & Evolution 27, 74–78.

Dolbear, A. E. (1987): The cricket as a thermometer. The American Naturalist 31, 970–971.

Dybas, H. S. & D.D. Davis (1962): A population census of seventeen-year periodical cicadas (Homoptera: Cicadidae: Magicicada). Ecology 43, 432–444.

Dugatkin, L. A. & J. Godin (1998): How femals choose their mates. Scientific American 278, 65–61.

Ebert J. (2005): Cuttlefish win mates with transvestite antics. Nature vom 19.09.2005.

Elmes, G. W.; Wardlaw, J. C. & J. A. Thomas (1991): Larvae of Maculinea rebeli, a large blue butterfly, and their Myrmica host ants: patterns of caterpillar growth and survival. Journal of Zoology 224, 79–92.

Ely, E. (1998): The American Lobster. Rhode Island Sea Grant. Fact Sheat. University of Rhode Island.

Flower, T. (2011): Fork-tailed drongos use deceptive mimicked alarm calls to steal food. Proceedings of the Royal Society B Biological Sciences 278, 1548–1555.

Flower, T. P.; Gribble, M. & A. R. Ridley (2014): Deception by Flexible Alarm Mimicry in an African Bird. Science 6183, 513–516.

Foote, A. D.; Griffin, R. M.; Howitt, D.; Larsson, L.; Miller, P. J. O. & A. R. Hoelzel (2006): Killer whales are capable of vocal learning. Biology Letters 2, 509–512.

Forbes, J. G.; Morris, H.D. & K. Wang (2006). Multimodal imaging of the sonic organ of *Porichthys notatus*, the singing midshipman fish. Magnetic Resonance Imaging 24, 321–331.

Frankel, A. (2002): Sound production. In: Encyclopedia of Marine Mammals. Academic Press, San Diego, London.

Frings, H. & M. Frings (1957): The effects of temperature on chirp-rate of male cone-headed grasshoppers, Neoconocephalus ensiger. Journal of Experimental Zoology 134, 411–425.

Frings, H. & M. Frings (1962): Effects of temperature on the ordinary song of the common meadow grasshopper, *Orchelimum vulgare* (Orthoptera: Tettigoniidae). Journal of Experimental Zoology 151, 33–51.

Fuchs, H. (2002): Zum Singen geboren. Der Gesang der Vögel am Beispiel des Kanarienvogels. Rainar Nitzsche Verlag, Kaiserslautern.

Geissmann, T. (1986): Mate change enhances duetting activity in the siamang gibbon (*Hylobates syndactylus*). Behavior 96, 17–27.

Geissmann, T. (1999): Duet songs of the siamang, *Hylobates syndactylus*: ii. Testing the pair-bonding hypothesis during a partner exchange. Behaviour 136, 1005–1039.

Gemeno, C.; Yeargan, K.V. & K.F. Haynes, (2000): Aggressive chemical mimicry by the bolas spider mastophora hutchinsoni: identification and quantification of a major prey's sex pheromone components in the spider's volatile emissions. Journal of Chemical Ecology 26, 1235–1243.

Gibson, G. & I. Russel (2006): Flying in tune: sexual recognition in mosquitoes. Current Biology 16, 1311–1316.

Gogala, M. (2002): Gesänge der Singzikaden aus Südost- und Mittel-Europa. Denisia 4, 241–248.

Gordon, D. (1996): The Compleat Cockroach: A Comprehensive Guide to the Most Despised (and Least Understood) Creature on Earth. Ten Speed Press, New York.

217

Gross, H. J. (2014): Eine vergessene Revolution. Die Geschichte vom klugen Pferd Hans. Biologie in unserer Zeit 44, 268–272.

Grzimek, B. (1984): Grzimeks Tierleben. Enzyklopädie des Tierreichs. Jubiläumsausgabe in 13 Bänden. Kindler, Zürich.

Haas, L. (2007): Tiere nutzen die Geräusche offenbar zur Kommunikation: Wie Clownfische mit den Zähnen knirschen. Berliner Zeitung vom 19.05.2007.

Habermann, M. (2005): Strategie der integrierten Bekämpfung von Borkenkäfern im Frühjahr 2004. AFZ/Der Wald 60: 535–536.

Haddad, C. F. B.; de Sá, F. P. & J. Zina (2016): Sophisticated communication in the brazilian torrent frog *Hylodes japi*. Plos One, DOI: 10.1371/journal. pone.0145444.

Hanlon, R. T.; Conroy, L.-A. & J. W. Forsythe (2008): Mimicry and foraging behaviour of two tropical sand-flat octopus species off North Sulawesi, Indonesia. Biological Journal of the Linnean Society 93, 23–38.

Hannaford, A. (2011): Talking to Koko the gorilla. The Week vom 07.10.2011.

Haynes, K. F.; Gemeno, C.; Yeargan, K. V.; Millarund, J. G. & K. M. Johnson (2002): Aggressive chemical mimicry of moth pheromones by a bolas spider. Chemoecology 12, 99–105.

HDA (2007): Nachruf auf Alex: Der schlaueste Papagei der Welt ist tot. Spiegel Online vom 11.09.2007.

Hearn, L. (1898). Insect musicians, from exotics and retrospectives. Boston.

Herbst, C. T.; Stoeger, A. S.; Frey, R.; Lohscheller, J.; Titze, I. R.; Gumpenberger, M. & W. T. Fitch (2012): How low can you go? Physical production mechanism of elephant infrasonic vocalizations. Science 337, 595–599.

Herman, L. M. (1986): Cognition and language competencies of bottlenosed dolphins. In: Schusterman, R.J.; Thomas, J. & F. G. Wood (Eds.): Dolphin cognition and behavior: A comparative approach. Lawrence Erlbaum Associates, Hillsdale, NJ, 221–251.

Herman, L. M. & P. Morrel-Samuels (1990): Knowledge acquisition and asymmetries between language comprehension and production: Dolphins and apes as a general model for animals. In: Bekoff, M. & D. Jamieson (Eds.): Interpretation and explanation in the study of behavior: Vol. 1: Interpretation, intentionality, and communication. Westview Press, Boulder, 283–312.

Herman, L. M. & R. K. Uyeyama (1999): The dolphin's grammatical competency: Comments on Kako (1998). Animal Learning & Behavior 27, 18–23.

Herman, L. M.; Richards, D. G. & J. P. Wolz (1984): Comprehension of sentences by bottlenosed dolphins. Cognition 16, 129–219.

Herrel, A.; Meyers, J. J.; Aerts, P. & K. C. Nishikawa (2000): The mechanics of prey prehension in chameleons. Journal of Experimental Biology 203, 3255–3263.

Hobaiter, C. & R. W. Byrne (2014): The meanings of chimpanzee gestures byrne. Current Biology 24, 14, 1596–1600.

Hockings, K. J.; Bryson-Morrison, N.; Carvalho, S.; Fujisawa, M.; Humle, T.; McGrew, W. C.; Nakamura, M.; Ohashi, G.; Yamanashi, Y.; Yamakoshi, G. & T. Matsuzawa (2015): Tools to tipple: ethanol ingestion by wild chimpanzees using leaf-sponges. Royal Society Open Science, DOI: 10.1098/rsos.150150.

Hölldobler, B.; Morgan, E. D.; Oldham, N. J.; Liebig, J. & Y. Liu (2004): Dufour gland secretion in the harvester ant genus Pogonomyrmex. Chemoecology 14, 101–106.

Hopkins, J., Baudry, G., Candolin, U. & A. Kaitala (2015): I'm sexy and I glow it: female ornamentation in a nocturnal capital breeder. Biology Letters 11, DOI: 10.1098/rsbl.2015.0599.

Hu, J. C. (2014): What Do Talking Apes Really Tell Us? The Strange, Disturbing World of Koko the Gorilla and Kanzi the Bonobo. Slate Magazin vom 20.08.2014.

Huber, F., Moore, T. E. & W. Loher (1989): Cricket Behavior and Neurobiology. Cornell University Press, Ithaca.

Igic, B.; McLachlan, J.; Lehtinen, I. & R. D. Magrath (2015): Crying wolf to a predator: deceptive vocal mimicry by a bird protecting young. Proceedings of the Royal Society B 282 (1809), 20150798. http://dx.doi.org/10.1098/rspb.2015.0798.

ller, A. P. M.; Barbosa, A.; Cuervo, J. J.; de Lope, F.; Merino, S. & N. Saino (1998): Sexual selection and tail streamers in the barn swallow. Proceedings of the Royal Society 265, 409–414.

Jin, X. B. & A. L. Yen (1998): Conservation and the Cricket Culture in China. Journal of Insect Conservation 2, 211–216.

Johnson, B. & S. Ritchie (2015): The siren's song: Exploitation of female flight tones to passively capture male aedes aegypti (Diptera: Culicidae). Journal of Medical Entomology October 2015, DOI: 10.1093/jme/tjv165.

Kimoto, H.; Haga, S.; Sato, K. & K. Touhara (2005): Sex-specific peptides from exocrine glands stimulate mouse vomeronasal sensory neurons. Nature 437, 898–901.

King, S. L.; Sayigh, L. S.; Wells, R. S.; Fellner, W. & V. M. Janik (2013): Vocal copying of individually distinctive signature whistles in bottlenose dolphins. Proc. Biol. Sci. 2013 Feb 20; 280(1757):20130053. DOI: 10.1098/rspb.2013.0053.

Klähn, J. & A. Klähn (2006): Bemerkungen über den Kanarienvogel. Aus dem Harzer Roller-Kanarien-Museum in Sankt Andreasberg.

Kneuthgen, J. (1969): Zwei Vögel verschiedener Arten verständigen sich in einer „Fremdsprache". Beobachtung zur interspezifischen Kommunikation. Journal of Ornithology 110, 158–160.

Konopka, G.; Bomar J. M.; Winden, K.; Coppola, G.; Jonsson, Z. O.; Gao, F.; Peng, S.; Preuss, T. M.; Wohlschlegel, J. A. & D. H. Geschwind (2009): Human-specific transcriptional regulation of CNS development genes by FOXP2. Nature 462, 213–217.

Krichevsky A.; Meyers, B.; Vainstein, A.; Maliga, P. & V. Citovsky (2010): Autoluminescent Plants. PLoS ONE 5 (11): e15461. DOI: 10.1371/journal.pone.

Krützen, M.; Mann, J.; Heithaus, M. R.; Connor, R. C.; Bejder L. & W. B. Sherman (2005): Cultural transmission of tool use in bottlenose dolphins. Proceedings of the National Academy of Sciences 102, 25, 8939–8943.

Lailvaux, S. P.; Reaney, L. & P. Backwell (2009): Dishonest signaling of fighting ability and multiple performance traits in the fiddler crab Uca mjoebergi. Functional Ecology 23, 359–366.

Lamprecht, J. (1970): Duettgesang beim Siamang, *Symphalangus syndactylus* (Hominoidea, Hylobatinae). Zeitschrift für Tierpsychologie 27, 186–204.

Langbauer, W. R.; Payne, K. B.; Charif, R. A.; Rapaport, L. & F. Osborn (1991): African elephants respond to distant playbacks of low-frequency conspecific calls. Journal of Experimental Biology 157, 35–46.

Lazar, J.; Greenwood, D. R.; Rasmussen, L. E. L. & G. D. Prestwich (2002): Molecular and functional characterization of an odorant binding protein of the Asian elephant, *Elephas maximus*: implications for the role of lipocalins in mammalian olfaction. Biochemistry 41, 11786–11794.

Lazar, J.; Rasmussen, L. E .L.; Greenwood, D. R. & G. D. Prestwich (2004): Elephant Albumin: A Multipurpose Pheromone Shuttle. Chemistry & Biology 11, 8, 1093–1100.

Laufer, B. (1927): Insect Musicians & Cricket Champions. Field Museum of Natural History. Anthropology Leaflet 22, Chicago.

Lee, S. F. L. & A.bvH. Bass (2006): Dimorphic male midshipman fish: reduced sexual selection or sexual selection for reduced characters? Behavioral Ecology 17, 670–675.

Leitner, S., Marshall, R. C., Leisler, B. & C. K. Catchpole (2006): Male Song Quality, Egg Size and Offspring Sex in Captive Canaries (*Serinus canaria*). Ethology 112, 554–563.

Levey, D. J.; Duncan, R. S. & C. F. Levins (2004): Use of dung as a tool by burrowing owls. Nature 431, 39.

Lewis, T. (2013): Singing' fish hums to attract mates. Live Science vom 19.02.2013.

Ligon, R. A (2014): Defeated chameleons darken dynamically during dyadic disputes to decrease danger from dominants. Behavioral Ecology and Sociobiology 68, 1007–1017. DOI: 10.1007/s00265-014-1713-z.

Ligon, R. A. & K. J. McGraw (2013): Chameleons communicate with complex colour changes during contests: different body regions convey different information. Biology Letters 9: 20130892. doi:10.1098/rsbl.2013.0892. PMID 24335271.

Loyau, A.; Petrie, M.; Jalme, M. S. & G. Sorci (2008): Do peahens not prefer peacocks with more elaborate trains. Animal Behaviour 76, 5–9.

Ludwig, M. (2008): Unglaubliche Geschichten aus dem Tierreich, BLV Verlag, München.

Ludwig, M. (2010): Invasion. Wie fremde Tiere und Pflanzen unsere Welt erobern. Ulmer, Stuttgart.

Ludwig, M. (2011): Natur erleben. Monat für Monat. BLV Verlag, München.

Ludwig, M. (2015): Genial gebaut. Theiss-Verlag, Darmstadt.

Ludwig, M. & H. Gebhardt (2007): Küsse, Kämpfe, Kapriolen. Sex im Tierreich. BLV Verlag, München.

Ludwig, M. & E. Dempewolf (2009): Papa ist schwanger. BLV Verlag, München.

Lyons, L. A. (2016): Why and how do cats purr? Scientific American vom 03.04.2006.

Mann, J.; Brooke L.; Sargeant, J. J.; Watson-Capps, Q. A.; Gibson, M. R.; Heithaus, R. C. & E. Patterson (2008): Why do dolphins carry sponges? PLoS ONE, 3 (12) DOI: 10.1371/journal.pone.0003868).

Marlatt, C. L. (1907): The periodical cicada. Bull. U.S. Dept. Agri., Div. Entomol. Bull.18, 52.

Matthes, D. (1988): Tierische Parasiten. Biologie und Ökologie. Springer-Verlag, Berlin, Heidelberg, New York.

Mattila, D. K, Guinee, L. N. & C. A. Mayo (1987): Humpback Whale Songs on a North Atlantic Feeding Ground. Journal of Mammalogy (American Society of Mammalogists) 68, 880–883.

McDonald, M. A.; Hildebrand, J. A. & S. Mesnick (2009): Worldwide decline in tonal frequencies of blue whale songs. Endangered Species Research 9, 13–21.

McGraw, C. (1985): Gorilla's Pets: Koko Mourns Kitten's Death. Los Angeles Times vom 10.01.1985.

Means, B. (2009): Effects of rattlesnake roundups on the eastern diamondback rattlesnake (*Crotalus adamanteus*). Herpetological Conservation and Biology 4, 132–141.

Mercado, E. & L. N. Frazer, (2001): Humpback whale song or humpback whale sonar? A Reply to Au et al. Journal of Oceanic Engineering 26, 406–415.

Millot, S., Vandewalle, P. & E. Parmentier (2011): Sound production in red-bellied piranhas (*Pygocentrus nattereri*, Kner): an acoustical, behavioural and morpho-functional study. Journal of Experimental Biology 214, 3613–3618.

Mithöfer, A. & W. Boland (2012): Plant defense against herbivores: Chemical aspects. Annual Review of Plant Biology 63, 25, 1–25.

Moore, A. J.; Gowaty, P. A.; Wallin, W. G. & P. J. Moore (2001): Sexual conflict and the evolution of female mate choice and male social dominance. Proceedings of the Royal Society B, 268, 517–523.

Moore, A. J.; Ciccone, W. J. & M. D. Breed (1989): The influence of social experience on the behavior of male cockroaches, *Nauphoeta cinerea*. Journal of Insect Behavior 1, 2, 157–168.

Morin, R. (2015): A conversation with koko the gorilla. The Atlantic vom 28.08.2015.

Murray, J. D. (2002): Mathematical Biology. Springer, New York.

Musser, W. B.; Bowles, A. E.; Grebner, D. M. & J. L. Crance (2014): Differences in acoustic features of vocalizations produced by killer whales cross-socialized with bottlenose dolphins. Journal of the Acoustical Society of America 136, 1990–2002.

Negro, J. J.; Grande, J. M.; Tella, J. L.; Garrido, J.; Hornero, D.; Donázar, J. A.; Sanchez-Zapata, J. A.; Benitez, J. R. & M. Barcell (2002): Coprophagy: An unusual source of essential carotenoids. Nature 416, 807–808.

Negro, J. J.; Margalida, A.; Hiraldo, F. & R. Heredia (1999): The function of the cosmetic coloration of bearded vultures: when art imitates life. Animal behaviour 58, 14–17.

Nocke, H (1974): Biophysik der Schallerzeugung durch die Vorderflügel der Grillen. Zeitschrift für vergleichende Physiologie 74, 272–314.

Norman, M. D. & F. G. Hochberg (2005): The ‚mimic Octopus' (*Thaumoctopus mimicus* n. gen. et sp.), a new octopus from the tropical Indo-West Pacific (Cephalopoda: Octopodidae). Molluscan Research 25, 57–70.

O'Brien, D. (2010): ARS study provides a better understanding of how mosquitoes find a host. U.S. Department of Agriculture, Letters vom 09.03.2010.

O'Connell-Rodwell, C. E.; Wood, J. D.; Kinzley, C.; Rodwell, T. C.; Poole, J. H. & S. Puria (2007): Wild African elephants (*Loxodonta africana*) discriminate between familiar and unfamiliar conspecific seismic alarm calls. Journal oft he Acoustical Society of America 122, 823–830.

Orphal, C. & E. Parmentier (2012): Overview on the diversity of sounds produced by clownfishes (pomacentridae): Importance of acoustic signals in their peculiar way of life. PLoS One. 2012;7(11):e49179. DOI: 10.1371/journal.pone.0049179.

Ow, D. W.; de Wet, J. R.; Helinski, D. R.; Howell, S. H.; Wood, K. V. & M. De Luca (1986): Transient and stable expression of the firefly luciferase gene in plant cells and transgenic plants. Science 234, 856–859.

Owren, M. J.; Dieter, J. A.; Seyfarth, R. M. & D. L. Cheney (1993): Vocalizations of rhesus (*Macaca mulatta*) and Japanese (*M. fuscata*) macaques cross-fostered between species show evidence of only limited modification. Developmental Psychobiology 26, 389–406.

Parmentier, E.; Colleye, O.; Fine, M. L.; Frédérich, B.; Vandewalle, P. & A. Herrel (2007): Sound Production in the Clownfish *Amphiprion clarkii. Science* 316, 1006.

Parsell, D. L. (2003): In Africa, decoding the language of elephants. National Geographic News vom 21.02.2003.

Pasch, B.; Bolker, B. M. & S. M. Phelps (2013): Interspecific dominance via vocal interactions mediates altitudinal zonation in neotropical singing Mice. The American Naturalist 182, 161–173.

Patterson, F. G. (1978): The gestures of a gorilla: language acquisition in another pongid. Brain and Language 5, 72–97.

Paulus, H. F. (1997): Signale in der Bestäuberanlockung: Weibchenimitation als Bestäubungsprinzip bei der mediterranen Orchideengattung Ophrys. Verhandlungen der zoologisch-botanischen Gesellschaft Österreichs 134, 133–150.

Payne, K. (1998): Silent Thunder: In the presence of Elephants. Simon & Schuster, New York.

Payne, K. B.; Langbauer, W. R. & E. M. Thomas (1986): Infrasonic calls of the Asian elephant (*Elephas maximus*). Behav. Ecol. Sociobiol. 18, 297–301.

Payne, R. (1995): Among Whales. Scribner, New York.

Payne, R. S. & S. Mc Vay (1971): Songs of Humpback Whales. Science 173, 585-597.

Perlman, D. (2004): Hormones fine-tune the humming toadfish: High levels of estrogen found in the most responsive females. San Francisco Chronicle vom 19.07.2004.

Pepperberg, I. M. (1998): Talking with Alex: Logic and speech in parrots. Scientific American 9, 4, 60–66.

Pepperberg, I. M. (2009): Think animals don't think like us? Think Again. Discover magazine vom 20.09.2009.

Petranka, J. W. (1998): Salamanders of the United States and Canada. Smithsonian Press Washington & London.

Poole, J. H., Tyack, P. L., Stoeger-Horwath, S. A. & S. Watwood (2005): Animal behaviour: Elephants are capable of vocal learning. Nature 434, 455–456.

Poulet, J. & H. Berthold (2002): A corollary discharge maintains auditory sensitivity during sound production. Nature 418, 872–876.

Prosen, E. D.; Jaeger, R. G. & D. R. Lee (2004): Sexual coercion in a territorial salamander: females punish socially polygynous male partners. Animal Behaviour 67, 1, 85–92.

Queiroz, H. & A. E. Magurran (2005): Safety in numbers? Shoaling behaviour of the Amazonian red-bellied piranha. Biological Letters of the Royal Society 1, 155–157.

Radhika, V.; Kost, C.; Mithöfer, A. & W. Boland (2010): Regulation of extrafloral nectar secretion by jasmonates in lima bean is light dependent. Proceedings of the National Society 107, 40, 17228–17233.

Regen, J. (1913): Über die Anlockung des Weibchens von Gryllus campestris L. durch telephonisch übertragene Stridulationslaute des Männchens. Pflügers Archiv 155, 193–200.

Reid, J. S. & J. Kassewitz (2013): Conversations with Dolphins. Story Merchant Books, Los Angeles.

Remane, R. & E. Wachmann (1993): Zikaden – kennenlernen, beobachten. Naturbuch Verlag, Augsburg.

Roach, J. (2001): Newfound Octopus Impersonates Fish, Snakes National Geographic vom 21.09.2001.

Robinson, E. J. H.; Jackson, D. E.; Holcombe, M. & F. L. W. Ratnieks (2005): Insect communication: 'No entry' signal in ant foraging. Nature 438, 442.

Rose, A. & M. Geier (2004): Warum es nützt, den Feind zu locken: Stechmücken in die Irre geführt. Stechmücken als Krankheitsüberträger. In: Fürst, W. & J. Bauernschmitt J. (Hrsg.): Biotechnologie in Bayern. Media Mind, München, 64–68.

Rothenberg, D. (2008): Thousand mile song. Basic Books, New York

Rowe, M. P.; Cross, R. G. & D. H. Owings: (2010): Rattlesnake rattles and burrowing owl hisses: a case of acoustic batesian mimicry. Ehtology 72, 53–71.

Ruther, J.; Reinecke, A.; Thiemann, K.; Tolasch, T.; Franke, W. & M. Hilker (2000): Mate finding in the forest chockchafer, Melolontha hippocastani, mediated by volatiles from plants and females. Physiolocical Entomology 25, 1–8.

Ryan, L. G. (1996): Insect musicians & cricket champions: a cultural history of singing insects in china and japan. China Books, Melbourne.

Sanborn, A. F. (2002): Periodical Cicadas: The Magic Cicada (Hemiptera, Tibicina, Magicicada ssp.). Denisia 4, 176, 225–230.

Savage-Rumbaugh, S. & R. Lewin (1995): Kanzi – der sprechende Schimpanse. Was den tierischen vom menschlichen Verstand unterscheidet. Droemersche Verlagsanstalt, München.

Savage-Rumbaugh, S.; Fields, W. M. & T. Spircu (2004): The emergence of knapping and vocal expression embedded in a Pan/Homo culture. Biology and Philosophy 19, 541–575.

Schaper, M. (2013): Wie Tiere denken. GEO kompakt 33/2012; Gruner + Jahr.

Schmolz, E., Scholz, T. & I. Lamprecht (2010): Alarmpheromone bei sozialen Insekten Nachrichten aus Chemie, Technik und Laboratorium 47, 9, 1095–1098.

Schulze, B.; Kost, C.; Arimura, G. I. & W. Boland (2006): Duftstoffe: Die Sprache der Pflanzen. Signalrezeptoren, Biosynthese und Ökologie. Chemie in unserer Zeit 40, 366–377.

Schwalb, H. H. (1961): Beiträge zur Biologie der einheimischen Lampyriden *Lampyris noctiluca* GEOFFR. und *Phausis splendidula* LEC. und experimentelle Analyse ihres Beutefang und Sexualverhaltens. Zoologische Jahrbücher: Abteilung für Systematik 88, 399–550.

Segelken, R. (2002): Humanity's din in the oceans could be blocking whales' courtship songs and population recovery. Cornell University.

Sheldrake, R. & A. Morgana (2003): Testing a language-using parrot for telepathy. Journal of Scientific Exploration 17, 601–616.

Sisneros, J.A. (2007): Saccular potentials of the vocal plainfin midshipman fish, *Porichthys notatus*. Journal of Comparative Physiology A 193, 413–424.

Slobodchikoff, C. N. (2002): Cognition and Communication in Prairie Dogs. In: Beckoff, C. A. & G. M. Burghardt (Eds): The Cognitive Animal, M. A Bradford Book, Cambridge.

Soler, R.; Harvey, J. A.; Bezemer, T. M. & J. F. Stuefer (2008): Plants as green phones: Novel insights into plant-mediated communication between below- and above-ground insects. Plant Signal Behaviour 3, 519–520.

Spektrum der Wissenschaft (2014): Tierische Tricks: Intelligenz und komplexes Verhalten im Tierreich. Spektrum Spezial – Biologie, Medizin, Hirnforschung, vom 10. Oktober 2014, Verlag Spektrum der Wissenschaft.

Stärk, A. (1958): Untersuchungen am Lautorgan einiger Grillen- und Laubheuschrecken-Arten, zugleich ein Beitrag zum Rechts-Links-Problem. Zoologische Jahrbücher, Abteilung für Anatomie und Ontogenie der Tiere 77, 9–50.

Stuart-Fox, D. & A. Moussalli (2008): Selection for Social Signalling Drives the Evolution of Chameleon Colour Change. PLoS Biology 6 (1): e25. DOI: 10.1371/journal.pbio.0060025. PMC 2214820. PMID 18232740.

Suzuki, R.; Buck, J. R & P. L. Tyack (2006): Information entropy of humpback whale songs. Journal of the Acoustical Society of America 119, 1849–1866.

Tautz, J. (2007): Phänomen Honigbiene. Springer Spektrum, Heidelberg.

Teyssier, J.; Saenko, S. V.; van der Marel, D. & M. C. Milinkovitch (2015): Photonic crystals cause active colour change in chameleons. Nature Communications 6, 6368, DOI: 10.1038/ncomms7368.

Thinh, V. N.; Hallam, C.; Roos, C. & K. Hammerschmidt (2011): Concordance between vocal and genetic diversity in crested gibbons. BMC Evolutionary Biology 11, 36, DOI: 10.1186/1471-2148-11-36.

Tins, W. (2000): Walstimmen. Gesänge und Rufe aus der Tiefe. Musikverlag Edition Ample, Germering.

Turner, D. C & P. Bateson (2000): The Domestic Cat: The Biology Of Its Behaviour. Cambridge University Press, Cambridge.

van der Sluijs, I.; Gray, S. M.; Amorim, M. C. P.; Barber, I.; Candolin, U.; Hendry, A. P.; Krahe, R.; Maan, M. E.; Utne-Palm, A. C.; Wagner. H. & B. B. M. Wong (2011): Communication in troubled waters: responses of fish communication systems to changing environments. Journal of Evolutionary Ecology 25, 623–640.

van Lawick-Goodall, J. & H. van Lawick (1966): Use of Tools by the Egyptian Vulture, Neophron percnopterus. Nature 212, 1468–1469.

Vasconcelos, R. O.; Fonseca, P. J.; Amorim, M. & F. Ladich (2011): Representation of complex vocalizations in the Lusitanian toadfish auditory system: evidence of fine temporal, frequency and amplitude discrimination. Proceedings of the Royal Society 278, 826–834.

Vergne, A. L. & N. Mathevon (2008): Crocodile egg sounds signal hatching time. Current Biology, 18, 12, 513–514.

Vergne, A. L.; Pritz, M. B. & N. von Mathe (2009): Acoustic communication in crocodilians: from behaviour to brain. Biological Reviews of the Cambridge Philosophical Society 84, 391–411.

Vilcinskas, A. (2000): Fische – Mitteleuropäische Süßwasserarten und Meeresfische der Nord- und Ostsee. BLV Verlagsgesellschaft, München.

Viviani, V. R. & J.H. Bechara (1997): Bioluminescence and biological aspects of Brazilian railroad-worms (Coleoptera: Phengodidae). Annals of the Entomological Society of America 90, 389–398.

Voigt, T. F. (2014): Schädlingsbekämpfung: Basiswissen zur sach- und fachgerechten Schädlingsprophylaxe und -bekämpfung in Betrieben der Lebensmittelindustrie. Behr's Verlag, Hamburg.

von Frisch, O. (2001): Kanarienvögel. Gräfe und Unzer Verlag, München.

von Muggenthaler, E. (2001): The felid purr: A healing mechanism? Journal of the Acoustical Society of America 110, 5, 2666.

Walker, T. J. (1962): The taxonomy and calling songs of united states tree crickets (Orthoptera: Gryllidae: Oecaiithinae). I. The genus neoxabea and the niveus and varicornis groups of the genus oecanthus. Annals of the Entomological Society of America 55, 303–322.

Watkins, W.; Tyack, P.; Moore, K. & J. Bird (1987): The 20 Hz signals of finback whales (*Balaenoptera physalus*). The Journal of the Acoustical Society of America 82, 1901–1902.

Watson, S. K.; Townsend, S. W.; Schel, A. M.; Wilke, C.; Wallace, E. K.; Cheng, L.; West, V. & K. E. Slocombe (2015): Vocal learning in the functionally referential food grunts of chimpanzees. Current Biology 25, 495–499.

Weeg, M. S.; Land, B. R. & A. H. Bass (2005): Vocal pathways modulate efferent neurons to the inner ear and lateral line. The Journal of Neuroscience 25, 5967–5974.

Wesener, T.; Köhler, J.; Fuchs, S. & D. van den Spiegel (2011): How to uncoil your partner – "mating songs" in giant pill-millipedes (Diplopoda: Sphaerotheriida). Naturwissenschaften 98, 967–975.

Whitfield, J. (2001): Lady cockroaches prefer wimps. Nature vom 06.03.2001.

Wiese, S. (2006): Wenn Kühe mit Dialekt muhen. Stern vom 25.10.2006.

William, A. W.; Hendrickson, H.; Mason, J. & S. M. Lewis (2007): Energy and predation costs of firefly courtship signals. The American Naturalist 170, 702–708.

Williams, K. S. & C. Simon (1995): The ecology, behavior and evolution of periodical cicadas. Annual Review of Entomology 40, 269–295.

Wilson, B.; Batty, R. S. & L. M. Dill (2004): Pacific and atlantic herring produce burst pulse sounds. Proceedings of the royal society of london series B – Biological Sciences, Biology Letters Supplement 3, 271, 95–97.

Wittmer, W. (1981): Zur Kenntnis der Familie Phengodidae (Coleoptera). Mitteilungen der Entomologischen Gesellschaft Basel 31, 105–107.

Woods, C. A. & C. W. Kilpatrick (2005): Hystricognathi. In: Wilson, D. E. & D. M. Reeder: Mammal species of the world: a taxonomic and geographic reference. Johns Hopkins University Press, Baltimore, 1538–1600.

Yoon, S. & S. Park (2011): A mechanical analysis of woodpecker drumming and its application to shock-absorbing systems. Bioinspirations & Biomimetics, 6. 016003, DOI: 10.1088/1748-3182/6/1/016003.

Zahavi, A. (1975): Mate selection – a selection for a handicap. Journal of Theoretical Biology 53, 205–221.

Zahavi, A. & A. Avishag (1998): Signale der Verständigung. Das Handicap-Prinzip. Insel Verlag, Frankfurt am Main.

Zahner, V.; Schmidbauer, M. & G. Schwab (2005): Der Biber. Die Rückkehr der Burgherren. Buch- und Kunstverlag Oberpfalz, Amberg.

Zankl, S. & M. Ludwig (2015): Wildnis Eiche. Frederking & Thaler, München.

Zeddies, D. G.; Fay, R. R.; Alderks, P. W.; Shaub, K. S. & J. A. Sisneros (2010): Sound source localization by the plainfin midshipman fish, *Porichthys notatus*. The Journal of the Acoustical Society of America 127, 3104–3113.

Zimmer, C. (2005): A new kind of birdsong: music on the wing in the forests of ecuador. The New York Times vom 02.08.2005.

Bildnachweis

2 Erdmännchen: ttshutter @ Fotolia.com | 8 Löwenmutter und Kind: WLDavies @ Istockphoto.com | 9 brüllender Löwe: just83in @ Fotolia.com | 15 Schimpanse: Aimee Willsher @ Shutterstock.com | 16/17 Schimpansen: curioustiger @ Istockphoto.com | Abb.2.1: Pferd: OpenClipart-Vectors @ pixabay.com | 24 Der kluge Hans: Xocolatl @ Wikimedia Commons | 28 brüllender Schimpanse: Dirk Ercken @ Shutterstock.com | 33 Präriehund: ZU_09 @ Istockphoto.com | 37 Kanarienvogel: Morphart Creation @ Shutterstock.com | 41 Buckelwal: IADA @ Istockphoto.com | 42 kleiner Buckelwal: IADA @ Shutterstock.com | 43 Siamang Gibbon: manfredxy @ Fotolia.com| 45 Kugeltausendfüßler: Eric Isselée @ Fotolia.com | 46 kleiner Tausendfüßler: Morphart Creation @ Shutterstock.com | 48 Schwalbe: OpenClipart-Vectors @ pixabay.com | 51 Delphine: Laszlo Szirtesi @ Shutterstock.com | 54 kleiner Delphin: jangeltun @ Istockphoto.com | 56 Knurrhahn: Roberto A Sanchez @ Istockphoto.com | 61 Heringe: Carlo Süßmilch @ Fotolia.com| 63 Clownfisch: deraugenzeuge @ Fotolia.com | 64 kleiner Piranha: asmakar @ Istockphoto.com | 65 Piranha: Maxim Tupikov Fotolia.com| 67 Krokodile: subinpumsom @ Fotolia.com | 69 Krokodile: ilbusca @ Istockphoto.com | 70 kleines Krokodil: Clker-Free-Vector-Images @ pixabay.com | 72 Graupapgei: dangdumrong @ Istockphoto.com | 76 kleiner Papagei: OpenClipart-Vectors @ pixabay.com | 79 Grille: Hein Nouwens @ Shutterstock.com | 82 kleine Grille: Clker-Free-Vector-Images @ pixabay.com | 85 Zikade: Morphart Creation @ Shutterstock.com | 86 kleine Zikade: Clker-Free-Vector-Images @ pixabay.com | 87 Zikade: die_maya @ Fotolia.com | 90 kleiner Moskito: ziiinvn @ Shutterstock.com | 94/95 Elefanten: LM Photography @ Shutterstock.com | 98 kleiner Pottwal: Morphart Creation @ Shutterstock.com | 99 kleiner Glattwal: Michael Vigliotti @ Shutterstock.com | 100 Elefantenrüsselfisch: Shyamal @ Wikimedia Commons | 102 Rotstirndornschnabel: ChristianBunyipAlexander @ Istockphoto.com | 105 kleiner Elefant: Clker-Free-Vector-Images @ pixabay.com | 109 Hereford-Kuh: Colt W. Knight @ Shutterstock.com | 110 Chamäleon: Clker-Free-Vector-Images @ pixabay.com | 116 kleiner Hirsch: OpenClipart-Vectors @ pixabay.com | 114 Geier: Juulijs @ Fotolia.com | 117 kleiner Schmutzgeier: Hein Nouwens @Shutterstock.com | 117 Schmutzgeier mit Ei: AustralianDream @ Fotolia.com | 120/121 Chamäleon: Igor Groshev Fotolia.com |125 Chamäleon: Lipowski Milan @ Shutterstock.com | 130 Glühwürmchen: Henrik_L @ Istockphoto.com | 133 Glühbirnenbaum: Christos Georghiou @ Shutterstock.com | 134 Klapperschlange: Clker-Free-Vector-Images @ pixabay.com | 137 Stachelschwein: DavidBukach @ Istockphoto.com | 14 Weißstorch: rudiernst @ Fotolia.com | 143 Tintenfisch: Erica Guilane-Nachez @ Fotolia.com | 144 Wandelndes Blatt: Artush @ Istockphoto.com | 147 Tintenfisch: Vladimir Wrangel @ Fotolia.com | 149 Meeresnacktschnecke: Jerry @ Fotolia.com | 153 Kaninchenkauz: passion4nature @ Istockphoto.com |

155 Eichhörnchen: jurra8 @ Fotolia.com | 159 Bär: Clker-Free-Vector-Images @ pixabay.com | 160 Bienenrundtanz: Juulijs @ Fotolia.com | 162 Bienenschwänzeltanz: Jüppsche-commonswiki @ Wikimedia Commons | 164 Habronattus: Opoterser-commonswiki @ Wikimedia Commons | 166 Frosch: Annika Gandelheid @ Fotolia.com | 169 Goldhamster: 4kodiak @ Istockphoto.com | 174 Hummer: OpenClipart-Vectors @ pixabay.com | 178 kleine Kakerlake: Morphart Creation @ Shutterstock.com | 179 kleine Maus: chronicler @ Shutterstock.com | 182/183 Ameisen: Toa55 @ Istockphoto.com | 187 Rotrückensalamander: SteveByland @ Istockphoto.com | 190 Ameisenkopf: Cornel Constantin @ Shutterstock.com | 193 kleine Motte: OpenClipart-Vectors @ pixabay.com | 194 Katze: Clker-Free-Vector-Images @ pixabay.com |196/197 liegende Katze: Azaliya (Elya Vatel) @ Fotolia.com | 201 fauchende Katze: Eric Isselée @ Fotolia.com | 204 Blumen: JulietPhotography @ Fotolia.com | 205 Biene: MargaritaSh @ Fotolia.com | 208/209 Tabakschwärmer-Raupe: &#169 Robin Arnold @ Istockphoto.com | 212 Grashalme: vencav @ Fotolia.com| 214 Paviane: R+R@ Fotolia.com

Register